Mathis Wackernagel & Bert Beyers

Der Ecological Footprint

Die Welt neu vermessen

EVROPA

Danksagung

Unzählige fantastische Leute haben dieses Projekt mitgetragen. Dazu gehören unsere Familien, Kollegen, Mentoren, Sponsoren des Global Footprint Network, Partnerorganisationen, Berater, Verlagsmitarbeiter und ein reiches Netzwerk von Freunden wie Roland Matter, Peter Schiess, Caroline Wackernagel und viele andere. Besonders danken wir in der Textarbeit Tatjana Puschkarsky und Mareike Fricke und für den analytischen Hintergrund den Mitarbeitern des Global Footprint Network. Hinter dem Buchprojekt stehen auch großzügige Sponsoren: die „Aachener Stiftung Kathy Beys" und „Brot für die Welt".

Der Ecological Footprint

Mathis Wackernagel & Bert Beyers

Europäische Verlagsanstalt

ISBN 978-3-434-60000-8

1. Auflage 2010

Gestaltung und Satz: kunse.com, Laufenburg, Schweiz
Alle Grafiken und Zahlen stützen sich, soweit nicht anders vermerkt, auf die Edition von 2008 der National Footprint Accounts.
Schrift: Avenir, Sabon
Druck und Bindung: Druck und Werte GmbH, Leipzig
Gedruckt auf FSC-zertifziertem Papier

Inhalt

Einleitung

Was nutzt ein Flugzeug ohne Navigationsinstrumente? Sicher, es fliegt. Aber wie hoch, wie schnell? Und wie lautet seine genaue Position? Ohne Armaturen weiß der Pilot nicht einmal, wie viel Treibstoff sich noch in den Tanks befindet. Bei schlechtem Wetter oder nachts wird der Flug lebensgefährlich.

Nicht wesentlich anders geht es uns mit dem Naturverbrauch. Wie viele Ressourcen kostet ein Frühstück, ein Urlaub, eine neue Wohnung? Wie viel Natur benötigt eine Stadt, ein Kraftwerk, eine Nation oder die Menschheit als Ganzes? Im Alltag kennen wir den Euro- oder Dollar-Preis der Dinge ziemlich genau. Warum wir das wissen wollen? Ganz einfach: Weil unser Budget beschränkt ist. Wir wollen herausfinden, ob wir uns das leisten können.

Wie unser persönliches Budget ist auch die Natur limitiert. Auch hier stellt sich die Frage: Können wir uns diesen Naturverbrauch überhaupt leisten? Und warum messen wir ihn dann nicht?

Weil wir bisher kein vernünftiges Instrument dafür hatten. Lange Zeit brauchten wir auch keines, da uns die Natur unerschöpflich erschien. Das ist heute anders. Ob beim Klima oder in den Weltmeeren, mittlerweile erleben wir die Grenzen sehr deutlich.

Mittels des Ecological Footprint, auf Deutsch Ökologischer Fußabdruck, können wir unseren Naturverbrauch berechnen. In erster Linie ist er ein Buchhaltungssystem. In der Wirtschaft nutzen wir für diesen Zweck Geld. Der Footprint verfügt dagegen über eine andere „Währung“: die biologisch produktive Erdoberfläche. Eine Ware oder Dienstleistung kostet dann eben eine bestimmte Menge Natur, genauer: Erträge, die ein Wald, ein Acker oder Weideland in einem Jahr abwirft. Soweit die Nachfrageseite.

Das Angebot der Natur kennen wir dank modernster Technik ebenfalls. Satelliten liefern uns aktuelle Bilder unseres Planeten. Sie zeigen, wo Wälder, Felder, Städte, Straßen, Wüsten, Seen, Weiden oder Steppen zu finden sind. Für die meisten Flächen gibt es zudem Abschätzungen, wie produktiv sie sind. Die Footprint-Buchhaltung führt beide Seiten, Angebot und Nachfrage, zusammen. Das Resultat ist eine wissenschaftliche Beschreibung: Wie viel Natur haben wir? Wie viel brauchen wir? Und wer nutzt wie viel?

Der Naturverbrauch ist dabei dem Geldverbrauch durchaus ähnlich. Wenn wir uns am Automaten mit Bargeld ausstatten, sieht man den Scheinen nicht an, ob unser Konto schwarze oder rote Zahlen schreibt. Geld ist erstmal Geld. Allerdings, irgendwann spuckt der Geldautomat nichts mehr aus.

Das ökologische Kapital unseres Planeten nur aus dem Bauch heraus zu bewirtschaften, macht also keinen Sinn. Ein Vermögensverwalter ohne Buchhaltung ist blind. Niemand brächte sein Geld zu einer Bank, die keine Bücher führt. Ein Kontoauszug gibt uns eine objektive Bestandsaufnahme. Genau das benötigen wir auch für unsere Ressourcensituation. Zu diesem Zweck richtet sich der Footprint an Entscheidungsträger in Politik und Wirtschaft, aber ebenso an ein breites Publikum. Beide Akteursgruppen gehören zusammen.

Eine wesentliche Stärke des Footprint besteht darin, dass er für jede menschliche Aktivität ausweisen kann, wie viel produktive Fläche dafür benötigt wird. Komplexe Dinge finden ihren Ausdruck somit in einer einzigen Zahl, wie beim Geld. Darüber kann man reden. Der Footprint als intuitiv verständliches Kommunikationsinstrument eignet sich deshalb sehr wohl für eine breite Öffentlichkeit – die wiederum Einfluss nimmt auf ihre Vertreter in Parlamenten und Regierungen, und nicht zuletzt auf die Entscheidungsträger in der Wirtschaft.

Die Zeit ist reif. Der Footprint zeigt mit großer Klarheit, dass wir die biologische Grundlage unseres Lebensunterhalts deutlich schneller verbrauchen, als sie erneuert werden kann. Kurz, wir leben über unsere Verhältnisse.

Die Folgen eines solchen Verhaltens sehen wir in der gegenwärtigen Finanz- und Wirtschaftskrise. Und doch verblasst die Gefahr einer wirtschaftlichen Rezession gegenüber den ökologischen Herausforderungen. Wer sie als nachgeordnetes Problem behandelt, dem man sich widmen kann, wenn die Wirtschaftsmaschine wieder läuft, manövriert sich selber ins Aus.

Zwischen Ökonomie und Ökologie gibt es durchaus Parallelen. Misswirtschaft zeichnet sich dadurch aus, dass man mehr ausgibt, als man einnimmt; dass man darauf baut, dass der Wert von Immobilien dauerhaft steigt, obwohl sich an den Objekten nichts ändert; wenn man wachsende Schuldenberge aufhäuft, in der vagen Hoffnung, dass sie in der Zukunft schon irgendwie getilgt werden; wenn man Geld in Umlauf bringt, wofür es keinen physischen Gegenwert gibt – und dann noch davon ausgeht, dass alles unendlich so weitergehen kann. Die meisten wissen, dass das nicht funktioniert. Warum sollte es mit den Ressourcen dann anders sein? Warum kurbeln wir die Wirtschaft wieder an, um mit noch höherem Ressourcenverbrauch immer mehr zu produzieren? Warum soll beschleunigter Konsum das Problem lösen, wenn Überkonsum es erst geschaffen hat? Warum vergessen wir so oft, dass Einkommen von Ressourcenverfügbarkeit abhängt?

Nach Footprint-Berechnungen übernutzte die Menschheit die Biokapazität des Planeten im Jahr 2006 bereits um 44 Prozent. Dieses Phänomen nennen wir Overshoot. Nach den meisten Prognosen wird die Zahl der Menschen von rund sieben Milliarden bis zum Jahr 2050 auf neun bis zehn Milliarden anwachsen. Und die Bewohner der BRIC-Staaten (Brasilien, Russland, Indien und China) werden – Krise hin oder her – weiterhin hart dafür arbeiten, ihren Lebensstandard zu erhöhen. Ressourcenknappheit wird zur zentralen Herausforderung des 21. Jahrhunderts.

Manche fragen sich, ob wir in einer Wasser-, Klima-, Fischerei- oder Nahrungskrise stecken. Die Antwort, dass alle diese Krisen in einer Ursache, unserem Ressourcenhunger, wurzeln, liegt auf der Hand, wenn man sich den menschlichen Stoffwechsel mit der Natur (Metabolismus) genauer anschaut.

Im 21. Jahrhundert steht das Wort Ökologie für ökonomisches und physisches Überleben, und zwar im eigenen Interesse. Ob Klima, Fischbestände oder biologische Produktivität – viele Ökosysteme des Planeten sind übernutzt und geschwächt. Sollten wir in eine ernsthafte Ressourcenkrise geraten – ob Öl, Wasser oder Nahrungsmittel –, werden wir die aktuelle Finanz- und Wirtschaftskrise mit neuen Augen sehen. Manche werden sich danach zurücksehnen.

Die Krise verschafft dem Globus eine kleine Verschnaufpause. Ressourcen- und Abfallströme wachsen nicht ganz so schnell, teilweise sind sie sogar rückläufig. Aber das ist nicht das Ziel. Die Frage ist: Wie können wir den Metabolismus der Menschheit zurückfahren, ohne die Wirtschaft abzuwürgen und ohne die Benachteiligten noch weiter an den Rand zu drängen? Wie können wir uns schnell genug aus dem Overshoot hinausmanövrieren und gleichzeitig die Lebensqualität aller sichern?

Dies ist ein guter Zeitpunkt, innezuhalten. Was wollen wir wirklich? Vielleicht wollen wir ja alles einfach behalten. In Europa kann man den Eindruck gewinnen, das wäre möglich. In vielen architektonischen Details sehen Paris und London aus wie vor 100 Jahren. Der rasche Wandel fällt dort kaum ins Auge – eine Illusion. Zu Lebzeiten der Autoren hat die Menschheit bereits 75 bis 80 Prozent aller fossilen Energieträger, die bisher entdeckt wurden, verbrannt. Die Anzahl der Menschen auf dem Globus hat sich mehr als verdoppelt, der Druck auf die Natur verdreifacht. Die Geschichte läuft mit hohem Tempo. Daher wird diese Frage immer wichtiger: Wie können wir es schaffen, innerhalb der Möglichkeiten der Natur zu leben – und zwar gut? Der Footprint liefert uns dafür die erforderlichen Daten.

Zum Beispiel über den Naturverbrauch von Städten, und das für alle grundlegenden menschlichen Bedürfnisse: Nahrungsmittel, Wohnen, Energie, Mobilität und Abfallentsorgung. Wenn der Footprint eines Bewohners von Siena nur ein Drittel von dem eines Bürgers von Los Angeles ausmacht, dann ist Siena einfach im Vorteil. Wer sich besser auf das Leben in einer Welt mit knappen Ressourcen vorbereitet, wird zu den Gewinnern gehören. Wer zu lange zögert, zu den Verlierern. Eine vorsorgende Ressourcenpolitik ist im ureigenen Interesse aller Städte, Regionen und Staaten. Und zwar jetzt. Los Angeles kann sich nicht über Nacht in ein Siena verwandeln.

Wenn heute die Mehrzahl der Menschen in Städten wohnt, dann entscheidet sich das Schicksal unserer Zivilisation genau dort. Der Footprint hilft dabei, Infrastruktur und Stadtplanung zukunftssicher zu machen. Beispiel Verkehr: So vielschichtig die Diskussion über Busse, Bahnen und Autos, über Anbindung und Steuerung der Systeme auch sein mag, der Footprint reduziert die Informationen jeweils auf eine einzige Zahl: die notwendige Fläche. Damit lässt sich arbeiten. Der Footprint ist also nicht nur ein Indikator, sondern zugleich ein Managementwerkzeug.

Die Fragen, die sich Städte und Kommunen stellen müssen, lauten: Woher beziehen wir unsere Energie? Unsere Nahrung? Wie viel brauchen wir im Vergleich zu unseren Konkurrenten? Wie viel benötigen wir im Verhältnis zu dem, was es pro Kopf auf der Welt gibt? Immer wieder geht es auch um Effizienz: Nutzen wir bereits alle unsere Möglichkeiten, um mit weniger Ressourcen besser zu leben?

Für Regionen und Länder ist die Angebotsseite, das Flächen- und Ressourcenmanagement, jedoch mindestens so wichtig. Über welche Ressourcen verfügen wir selber? Verbrauchen wir mehr Biokapazität, als in unserm Land zur Verfügung steht, sind wir ein ökologischer Schuldner. Verfügen wir dagegen über mehr Reserven, als wir verbrauchen, sind wir ein ökologischer Gläubiger. Je mehr Länder und Regionen über ihre Ressourcenbasis wissen, desto besser sind sie gerüstet für eine Zeit schneller Veränderungen. Der Wettbewerb um die verbleibenden Ressourcen wird eine zentrale Herausforderung für die Zukunft werden.

Die Botschaft des Footprint lautet: Das Angebot der Natur kann man messen, den menschlichen Naturverbrauch auch. Nur so kann es gelingen, unsere ökologischen Grundlagen abzusichern und vernünftig zu managen. Nicht zuletzt, um den ökologischen Bankrott im 21. Jahrhundert zu verhindern.

Der Footprint verfügt dabei nicht über fertige Lösungen und Rezepte. Im Gegenteil. Seine Mission heißt Information und Kommunikation: sagen, was ist. Ihrem Wesen nach ist die Methode beschreibend wie ein Kontoauszug. Auf dieser Grundlage werden die Beteiligten zu jeweils eigenen Antworten und Strategien gelangen. Das ist der praktische Teil des Prozesses. Der Footprint als Indikator bleibt dabei deskriptiv, er kann den Fortgang der Ereignisse mit einem Monitoring begleiten. So wird deutlich, ob der eingeschlagene Weg erfolgreich ist oder nicht. Der Footprint hat auch keine vorgefertigte Moral. Er sagt nicht, was jemand zu tun oder zu lassen hat. Mit Hilfe der Methode kann man zwar berechnen, wie viel Biokapazität für jeden Menschen durchschnittlich zur Verfügung steht. Der Footprint plädiert aber nicht für Gleichmacherei. Er zeigt lediglich auf, dass es sehr wohl denkbar ist, allen Menschen auf diesem Planeten ein gutes und erfülltes Leben zu ermöglichen, und zwar innerhalb der Kapazitäten des Globusses. Im Englischen gibt es für diese Idee eine griffige Formel: *One Planet Living*.

Letztlich kommen wir nicht an der Tatsache vorbei, dass wir selber, die Menschen mit ihrer Wirtschaft, mit allen ihren Aktivitäten, Teil der Natur sind. Philosophische und religiöse Schriften versuchen uns seit Jahrtausenden etwas anderes zu vermitteln: Dass der Mensch nämlich außerhalb der Natur stehe und sie ihm zu dienen habe, dass er sie in Kultur nehmen und zivilisieren solle. In diesem Sinne haben viele Völker sie immer weiter für sich in Anspruch genommen und die unberührte Natur zurückgedrängt. Dieser Weg aber ist am Ende angelangt.

Durch die enormen Vorräte an fossiler Energie, die die Menschheit seit der industriellen Revolution entdeckt und nutzbar gemacht hat, war es ihr möglich, mit gespeichertem „Sonnenlicht" zu leben und ihren Stoffwechsel mit der Natur zu vervielfachen. Eine Folge ist der heutige Klimawandel. Auf Dauer bleibt nur ein kooperativer Umgang mit der Natur.

Der Footprint ist ein Buchhaltungssystem für unsere ökologischen Möglichkeiten, nicht mehr und nicht weniger. Als solches kann er aber einen Beitrag zu einer nachhaltigen globalen Ökonomie leisten, indem er die Grenzen der Natur benennt. Er offeriert eine wissenschaftlich getestete Bezugsgröße, die dabei hilft, einen Konsens der Beteiligten zu finden. Auf dieser Grundlage können Rahmenbedingungen formuliert werden, Leitplanken, innerhalb derer der ökonomische Wettbewerb stattfindet. Durch Rahmenbedingungen werden die Ziele der Wirtschaft realisiert. Bei falschen Rahmenbedingungen optimiert der Markt genauso effizient das Falsche wie unter richtigen Bedingungen das Richtige. Anders formuliert: Nachhaltigkeit wird nur dann

Realität, wenn sie sich rechnet. Noch tut sie das offensichtlich nicht.

Der Footprint malt nicht schwarz, er beleuchtet vielmehr die ökologische Realität. Damit zeigt er Möglichkeiten auf und benennt die Gefahren, nicht in jedem Detail, wohl aber in der Gesamtheit aller Trends. Die derzeitige Überlastung der Biosphäre ist eine schwere Hypothek. Statt Pessimismus zu verbreiten, nimmt der Footprint eine pragmatische und lösungsorientierte Haltung ein und liefert die benötigten Daten.

Bei alldem ist die Vitalität der Menschen ungebrochen. Sie wollen leben. Es kommt darauf an, wie sie diese Phase ihrer Geschichte meistern. Die Herausforderungen sind beträchtlich. Dafür brauchen sie alle Klugheit und Kreativität dieser Welt. Der Footprint ist in diesem Zusammenhang ein entscheidendes intellektuelles Werkzeug.

Jeder weiß heutzutage, dass wir auf einem begrenzten Planeten leben. Es fällt uns aber schwer, diese Grenzen anzuerkennen. Warum nur? In anderen Bereichen akzeptieren wir sie doch auch. Nur beim Energieverbrauch, beim Reisen, beim Konsum allgemein tun wir so, als hätten wir noch ein paar Planeten im Kofferraum, als gäbe es sie nicht, die „Grenzen des Wachstums".

Wir können diese Grenzen der Regenerationsfähigkeit der Biosphäre zwar eine zeitlang ignorieren, damit sind sie aber nicht einfach verschwunden. Irgendwann melden sie sich zurück. Und in nicht wenigen Teilen der Welt ist dies schon längst geschehen. Denken wir an den Zusammenbruch ganzer Fischgründe, an Regionen wie Haiti, wo die Zerstörung der lokalen Ökosysteme zu Hunger, Mord und Totschlag führt. Oder an die massive Wasserknappheit in Australien.

Heute wird der Footprint für mehr als 150 Länder berechnet, dazu sind pro Nation mehr als 5 400 Daten erforderlich. Die

Methode ist nicht alarmistisch, sondern bewusst konservativ gehalten: Die Nachfrage von Seiten der Menschen wird bei mangelnder Datenlage eher unter-, die Biokapazität dagegen überschätzt.

Der Footprint ist ein hoch aggregierter Indikator unseres Naturverbrauchs. Das heißt, er fasst viele Aspekte zusammen. Nur so entfaltet die Methode ihre kommunikative Stärke, weil sie den gesamten Naturverbrauch auf einen einzigen Nenner bringt. Die Nutzung von fossiler Energie, Kohle, Gas und Öl wird in die Methode ebenfalls hineingerechnet: durch die biologisch produktive Fläche, vor allem Wald, die vonnöten ist, um eine bestimmte Menge Kohlendioxid der Atmosphäre zu entnehmen. Andere Treibhausgase werden im Footprint noch nicht berücksichtigt. Das soll in Zukunft geschehen. Der Footprint ist nicht perfekt, vielmehr wird er ständig weiterentwickelt.

Die Footprint-Methode wurde in den frühen 1990er Jahren von Mathis Wackernagel und William Rees entwickelt. Mittlerweile ist sie deutlich reifer und wird in Hunderten von Städten und Dutzenden von Ländern und Institutionen genutzt, zum Beispiel von der Europäischen Union und der Biodiversitäts-Konvention der UN. Die Aufgabe des Global Footprint Network mit Sitz in Oakland (Kalifornien), Brüssel (Belgien) und Zürich (Schweiz) besteht darin, über die Standards der Methode zu wachen und sie in einem offenen Prozess mit mehr als 100 Partnerorganisationen weiter zu entwickeln und zu optimieren.

Dabei ist der Footprint nicht der einzige ökologische Indikator. Er stellt keinen Absolutheitsanspruch. Er konzentriert sich vielmehr auf eine spezifische Frage: Wie viel der produktiven Kapazitäten des Planeten wird gebraucht, um menschliches Leben zu unterstützen? Für andere relevante Fragen braucht es weitere Methoden. Wie die einzelnen Anzeigen auf dem Armaturenbrett eines Cockpits: Sie ergänzen sich. Letztlich aber benötigt man eine einfache, eindeutige und robuste Messmethode, eine „Währung“, die die ganze Komplexität des Naturkapitals bündelt, sie vergleichbar macht und auf die sich möglichst viele beziehen. Als Methode empfiehlt sich der Footprint.

Global Footprint Network hat sich zum Ziel gesetzt, den Footprint bis 2015 in mindestens zehn Ländern zu verankern und als offizielle Messgröße zu etablieren. Neben dem Bruttoinlandsprodukt (BIP) soll er in den öffentlichen Statistiken ein entscheidender Indikator werden, um ein klares Bild der eigenen Ressourcensituation und des -verbrauchs zu zeichnen. Die Schweiz ist da schon weit vorne. Mehr als zwölf nationale Regierungen haben den Footprint bereits getestet. Ein weiterer Durchbruch wäre erreicht, wenn die Vereinten Nationen sich den Footprint in breitem Umfang aneigneten und dazu beitragen würden, ihn zu verbessern und auszubauen, zu standardisieren und anzuwenden. Wenn die Weltgemeinschaft erkennen würde, dass wir ein vergleichbares Instrument für das natürliche Kapital benötigen, wie es das Bruttoinlandsprodukt für das ökonomische Kapital darstellt.

Jedes Land muss zwar für seine Bevölkerung selber Sorge tragen. Daraus ergibt sich aber noch keine konsistente Strategie. Letztlich leben wir alle auf einem Planeten. Deshalb müssen wir wissen, wie alles zusammenhängt. Wir brauchen eine Koordination zwischen den Staaten. Und ein Ressourcen-Management auf globaler Ebene.

Das erste Kapitel dieses Buchs versucht Antworten auf folgende Fragen zu geben: Was ist der Ecological Footprint? Wie viel Biokapazität braucht ein Mensch? Wie viel eine Stadt? Wie viel ein gutes Leben? Wie viel Biokapazität ist vorhanden? Was bedeuten ökologische Grenzen? Das zweite Kapitel führt diese Fragen weiter: Was sind die großen Herausforderungen des 21. Jahrhunderts? Wer werden die Gewinner, wer die Verlierer sein?

Und: Welche Szenarien eröffnet der Footprint für die Zukunft? Das dritte Kapitel zeigt anhand konkreter Fallstudien, wie die Methode eingesetzt werden kann, um Naturkapital zu managen. Ein Gespräch der beiden Autoren, Mathis Wackernagel, dem Erfinder des Konzepts, und dem Journalisten Bert Beyers, rundet die Thematik ab.

Wir leben in einer spannenden Zeit. Unsere Möglichkeiten, Einfluss zu nehmen, sind beträchtlich. Vorausgesetzt, wir verfügen über die richtigen Informationen und den Mut, neue Ideen umzusetzen. Hier ist die gute Nachricht: Der Footprint macht uns das Leben nicht schwerer. Er erlaubt uns, Städte und Länder auch im 21. Jahrhundert lebenswert zu erhalten. Die Biokapazität seines Landes zu kennen und den Footprint zu managen, wird so wesentlich werden, wie es die finanzielle Buchhaltung heute bereits ist. Auch sie arbeitet nicht gegen uns. Im Gegenteil, sie verhilft uns zum Erfolg.

Footprint – Das Instrument

Die Fläche als Währung – Wie viel Biokapazität braucht ein Mensch?

Ob groß oder klein, jeder Mensch hat einen Ökologischen Fußabdruck – einen Ecological Footprint. Wie viel Natur er braucht, hängt damit zusammen, was er isst, wie er sich kleidet, wie er wohnt, sich fortbewegt oder wie er sich seiner Abfallstoffe entledigt. All das kann man messen. Aus den Daten lässt sich die Größe der Grünfläche bestimmen, die benötigt wird, um Lebensmittel oder Fasern für Kleidung zu produzieren, um Häuser zu bauen oder Abfälle wie Kohlendioxid-Emissionen zu absorbieren. Letzten Endes leben wir alle von den Erträgen des „globalen Bauernhofs".

Jeder weiß, was Geld ist. Wer Geld hat, kennt keine Sorgen, jedenfalls keine materiellen. Wer über genügend Geld verfügt, lebt wie er will und wo er will. Überall ist er willkommen. So lange er zahlen kann, wird niemand ihn vor die Tür setzen.

Mit Geld kann man eine Menge machen, zum Beispiel Dinge vergleichen. Geld antwortet auf die Frage „Wie viel kostet das?" Den Preis wiederum kann man mit seinem Einkommen ins Verhältnis setzen. Wie lange muss ich arbeiten, um mir dieses Handy leisten zu können? Wie viel verdiene ich im Verhältnis zu meinen Ausgaben? Wie viel im Vergleich zum vorigen Jahr? Oder gemessen am Einkommen eines Äthiopiers?

In diesem Buch geht es um ein Instrument, das mit Geld durchaus vergleichbar ist. Die Frage hinter dem Footprint lautet nämlich „Wie viel Natur kostet das?" Wie viel Biokapazität steckt in einem Glas Orangensaft oder wie viel braucht ein Liter Benzin? Man kann die Frage aber auch erweitern: Wie viel Natur braucht ein Mensch? Die „Währung“ des Footprint ist die Fläche, genauer gesagt die biologisch produktive Fläche, die erforderlich ist, um eine Ware oder Dienstleistung bereit zu stellen und zu entsorgen. Für einen Menschen berechnet man folglich die Summe dessen, was er verbraucht, einschließlich des Abfalls, den er hinterlässt; auch der hat Auswirkungen auf die Natur. Was beim Geld Euro, Dollar oder Yuan heißt, ist beim Footprint der Hektar oder genauer, der globale Hektar[1].

Die verschiedenen Geldwährungen kann man gegeneinander verrechnen, die Flächeneinheiten des Footprint auch. Das ist ja gerade der Trick: Dass es stets nur eine Größe gibt, worauf die Dinge bezogen sind, nur ein *tertium comparationis*. Beim Geld liegt das auf der Hand – sonst würde es nicht funktionieren. Bei

Ecological Footprint

in globale Hektar pro Person nach Ländern

Daten von 2005

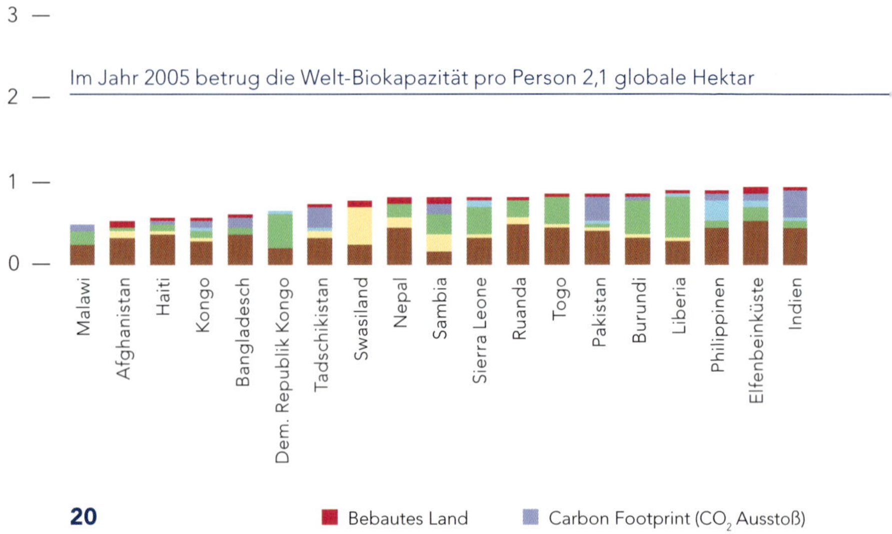

ökologischen Modellen aber ist es durchaus nicht üblich, dass es nur einen Parameter gibt. Andere Methoden als der Footprint, etwa die Ökobilanz, arbeiten mit mehreren, um die vielfältigen Eigenschaften der Dinge zu beschreiben. Eine besondere Stärke des Footprint liegt also darin, dass er stets auf die biologisch produktive Fläche als die entscheidende Größe Bezug nimmt. Diese Eindeutigkeit fördert, wie wir noch genauer sehen werden, in besonderem Maße Kommunikationsprozesse. Ebenso, wie man Preise zur Kenntnis nimmt und sich darüber austauscht, wie teuer oder wie günstig ein Warenangebot ist, ermöglicht es der Footprint, fruchtbare Diskurse über Naturverbräuche zu führen: über hohe und niedrige, über Auswirkungen auf dieses oder jenes Ökosystem – aber stets gibt es nur eine Zahl, eine quantitative Einschätzung, worin die Vielfalt der Natur enthalten ist.

Gehen wir mal in ein Warenhaus. Ebenso wie die Dinge Preisschilder haben, worauf der monetäre Wert vermerkt ist, ebenso wie wir mittlerweile Angaben über die Nährwerte und Inhaltstoffe auf den Produkten finden, so könnten sie auch eine weitere Kennzahl tragen, die die enthaltene Biokapazität ausweist. Auf der Vorderseite des Etiketts stünde der Verkaufspreis, auf der Rückseite der Naturverbrauch. Der Käse, die Jeans oder

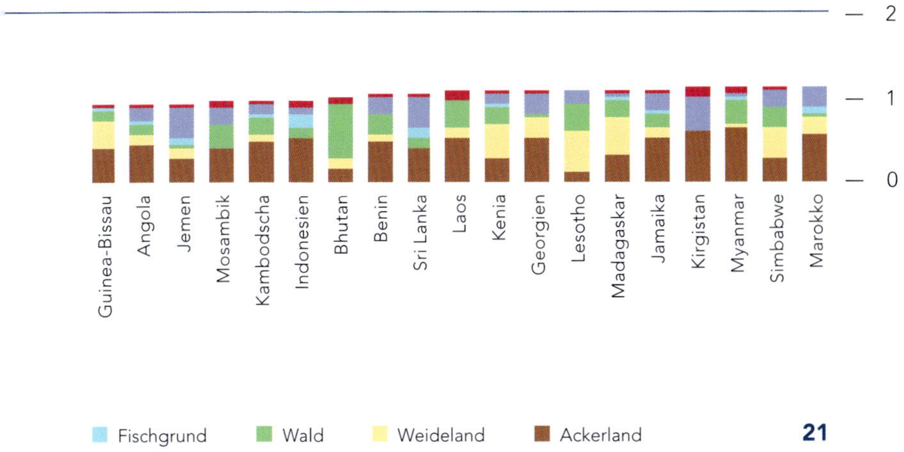

die Urlaubsreise – alles lässt sich in Biokapazität umrechnen: Die Fläche nämlich, die benötigt wird, um die Ware oder die Dienstleistung bereit zu stellen. Beim Käse ist es im Wesentlichen die Weide, die die Kuh benötigt, um Milch zu geben und natürlich auch die Energie, um Milch in Käse zu verwandeln. Bei der Jeans ist es das Baumwollfeld und bei der Reise sind es viele Dinge, die berücksichtigt werden müssen, vom Flugbenzin bis zum Hotel. Wenn für viele Städter der Strom auch aus der Steckdose kommt und die Milch aus der Tüte – hinter all dem, was wir zum Leben brauchen, steckt ein Stück Natur.

Auch hier wieder die Parallele zum Geld: So lange genug davon vorhanden ist, scheint alles in Ordnung, wir nehmen es einfach als gegeben. Aber wenn nicht? Ohne biologische Kapazität zu sein, fühlt sich so ähnlich an, wie ohne Geld zu sein. Zum Beispiel wenn man in einer fremden Stadt gestrandet ist, ohne Bargeld, ohne Kreditkarte: Was will man essen? Wo will man schlafen?

Was wäre denn, wenn die Natur ihre wunderbaren Dienste plötzlich nicht mehr bereitstellen könnte? Wenn es zu wenig Wasser gäbe, um Leben und wirtschaftliche Aktivitäten überhaupt möglich zu machen. Wenn die Fischgründe in den Ozeanen schrumpften

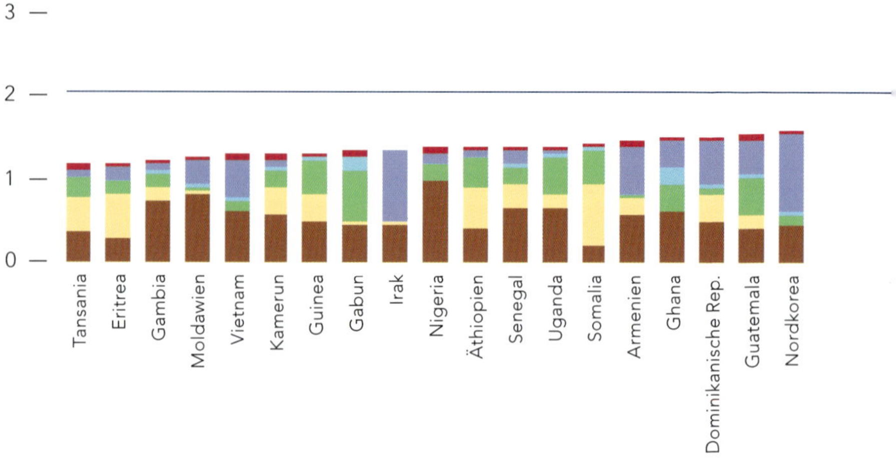

oder gar kollabierten, die Nachfrage aber weiter stiege und Fisch damit immer seltener und vielleicht teurer werden würde. Oder wenn die paar Felder hinter dem Haus einfach zu wenig für die Familie abwerfen und man, wie viele Menschen im ländlichen Bangladesh, kein Geld hat, um Essen hinzu zu kaufen? Oder wenn die Wälder und Ozeane auf einmal kein weiteres Kohlendioxid mehr aufnehmen, sondern, umgekehrt, das gespeicherte Klimagas in die Atmosphäre wieder entlassen würden. Was dann?

Geld ist unser zentrales ökonomisches Bewertungsmedium. Der Footprint funktioniert, wie gesagt, ganz ähnlich – nur auf anderer Ebene. Geld kann aber noch mehr, es ist nicht nur ein Maßstab, sondern zugleich ein Zahlungsmittel. Als solches geht es von Hand zu Hand. Das kann der Footprint nicht. Man kann zwar Biokapazität austauschen, zum Beispiel indem man Holz importiert und Fleisch exportiert, aber dabei wird nicht der Footprint gehandelt, sondern Holz und Fleisch, deren Footprint man wiederum bestimmen kann. Geld ist zudem so etwas wie ein Vermögensspeicher (das Sparbuch, das Portfolio), auch das ist beim Footprint anders. Das Naturkapital ist immer nur in der Natur

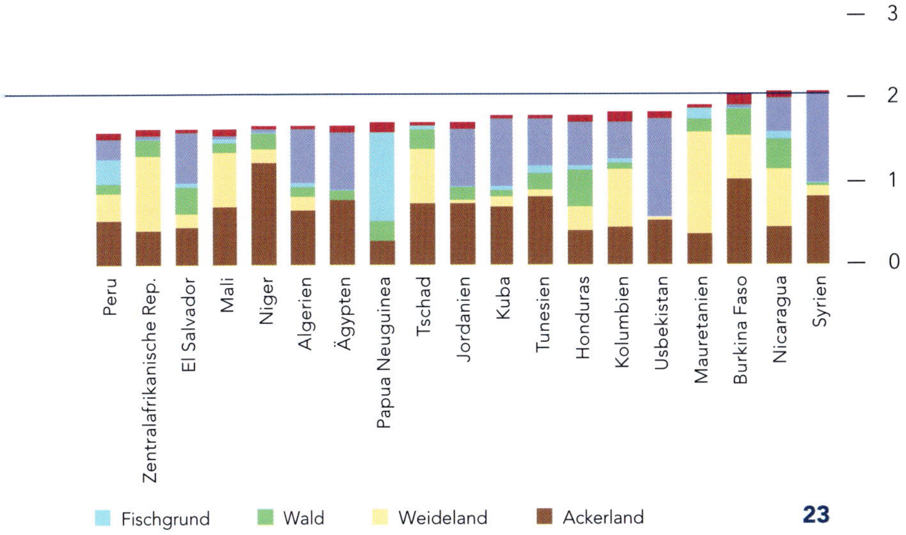

selber, der Footprint, als Methode oder als Kennzahl, beschreibt es und sagt, was ist. Aber während Geld als Wert anerkannt, ja, oft vergöttert wird, wird das Naturkapital unterschätzt. Wir leben so, als wäre die Natur unendlich und unermüdlich darin, die Menschen mit ihren Reichtümern zu versorgen. Auf lange Sicht jedoch ist die Natur der Wertgegenstand, Geld nur ein Symbol.

Nun gibt es ja auch Dinge, die man nicht kaufen kann, zum Beispiel Liebe. Folglich kann man sie auch nicht in Geld ausdrücken. Ein anderes Beispiel ist die Atmosphäre. Die Menschen haben sich daran gewöhnt, sie als kostenlose Mülldeponie für ihre Emissionen zu nutzen. Wie beim Geld gibt es auch beim Footprint Bereiche, die er ausspart. Ein Stein zum Beispiel hat keinen Footprint. Er ist einfach nur da – seine Existenz hat keinen messbaren Verbrauch. Tiere dagegen haben sehr wohl einen Footprint, sie atmen, saufen und fressen, verbrauchen Biokapazität und damit Fläche. Der Fisch, den der Seelöwe frisst, steht uns nicht mehr zur Verfügung. Oder nur indirekt, wenn wir den Seelöwen verspeisen oder sein Fell nutzen.

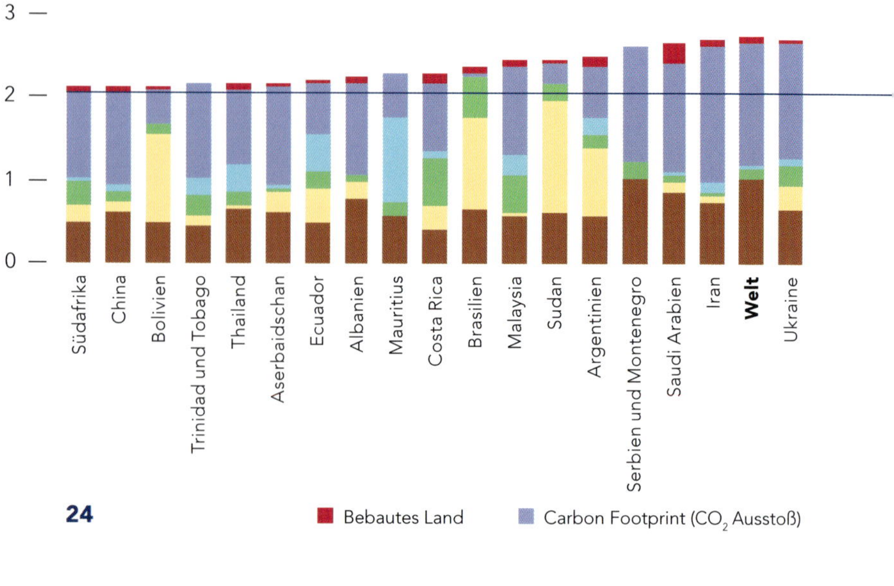

Wie viel Biokapazität braucht ein Mensch? Um zu essen, sich zu kleiden, um sein Haus zu bauen, es zu heizen, schließlich, um zu reisen und um Waren zu transportieren, benötigt er die Dienste der Natur. Dabei hinterlässt er Abfall, festen, flüssigen, gasförmigen. Auch damit muss die Natur fertig werden. So zieht der Mensch durch die Welt und drückt seinen „Fuß" hinein. Manch einer geht festen Schrittes, ein anderer ist so schmal und zart, dass er kaum den Boden berührt. Ob groß oder klein, jeder Mensch hinterlässt eine Spur, so lange er lebt. Genau darin besteht die Metapher des Footprint.

Der Footprint misst aber nicht nur den Naturbedarf eines einzelnen Menschen, man kann die Methode ebenso auf die Bevölkerung einer Stadt, einer Nation und schließlich auf die gesamte Menschheit anwenden. Dabei fokussiert der Footprint auf einen besonderen Teil des Naturkapitals, nämlich den, der Ressourcen erneuern kann.

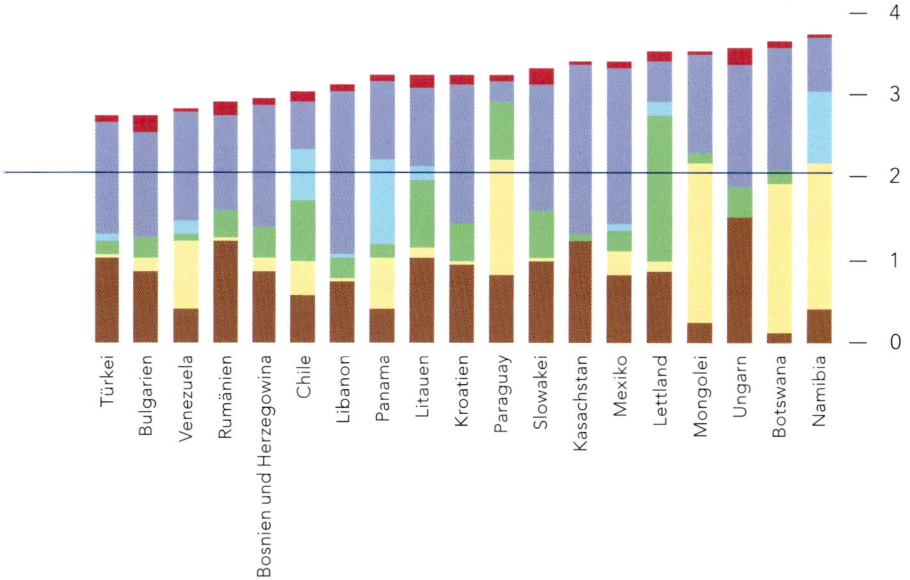

Beispiel fossile Energie: Seit der industriellen Revolution greift der Mensch massiv auf die natürlichen Vorräte von Kohle, Öl und Gas zurück; dabei handelt es sich um nicht-erneuerbare, genauer: nur in gewaltigen Zeiträumen erneuerbare Ressourcen. Er holt sie aus der Erdkruste und bringt sie an die Oberfläche und damit in die Biosphäre ein. Bei den Berechnungen des Footprint spielt die Menge an Kohle oder Öl selber keine direkte Rolle. Sie ist ja nicht Teil der lebendigen Natur, sondern über Jahrmillionen entstanden, und eher ein Wertgegenstand, wie ein Stück Gold oder ein Gemälde von Picasso. Die Nutzung der Kohle oder des Öls aber braucht Natur. Das misst der Footprint. Wenn diese Mengen fossiler Energieträger verbrannt werden, wird Kohlendioxid freigesetzt. Damit muss die Biosphäre fertig werden, denn dies ist neues Kohlendioxid, das nicht bereits in den natürlichen Kreisläufen

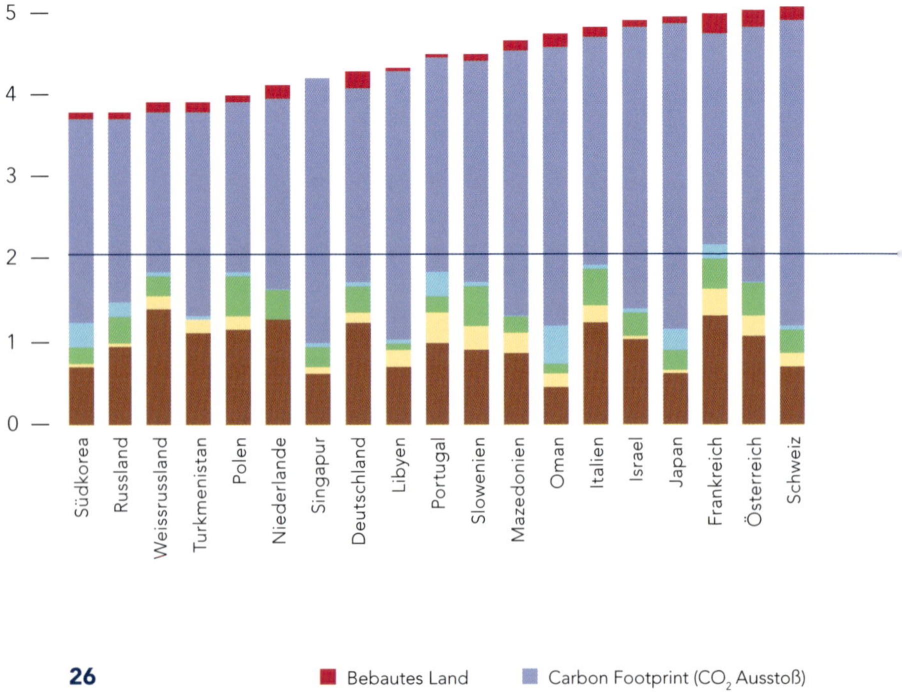

zirkuliert. Damit die Konzentration des Kohlendioxids in der Atmosphäre nicht ansteigt und langfristig das Klima destabilisiert, sollte es wieder entfernt werden – was bislang jedoch nur marginal geschieht. Die Aufgabe wird vielmehr der Natur überlassen. Ein guter Teil des überschüssigen Kohlendioxids wird mittlerweile von den Ozeanen aufgenommen (die dadurch weiter übersäuern), aber der Rest muss von Ökosystemen an Land absorbiert werden. Sonst bleibt es in der Atmosphäre zurück. Die Methode fragt daher: Wie viel Fläche, wie viel Wald ist notwendig, um die Restmenge an Kohlendioxid

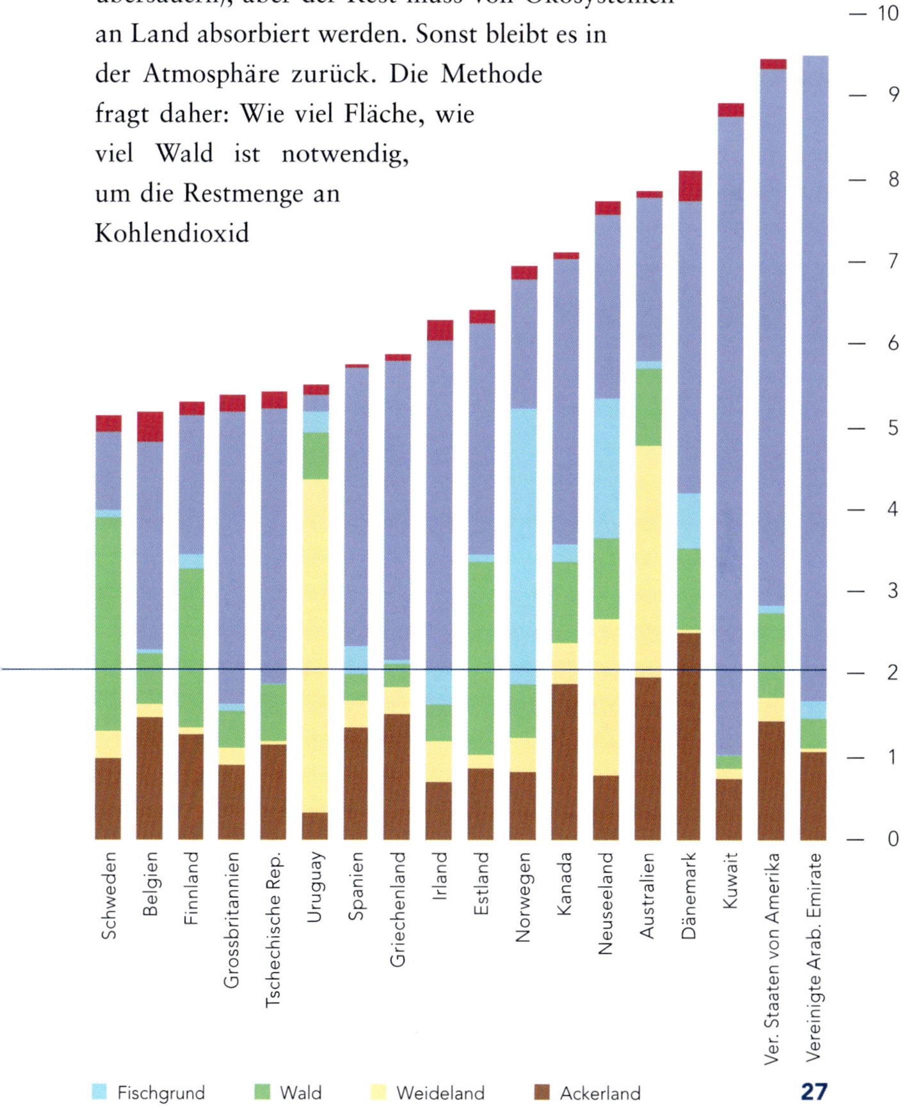

zu absorbieren? Forschungen belegen, dass ein durchschnittlicher Hektar Wald auf diesem Planeten, der im Sinne des Klimaschutzes bewirtschaftet wird, jährlich etwa die Menge Kohlendioxid aufnehmen kann, die bei der Verbrennung von 1 450 Litern Öl freigesetzt wird.[2]

In den vergangenen 200 Jahren hat der Kohlendioxidgehalt in der Atmosphäre um rund ein Drittel zugenommen. Offensichtlich setzen wir nicht genug biologische Kapazität auf unserem Planeten ein – vor allem Wälder und Ozeane –, um die Verbrennungsrückstände in eben der Geschwindigkeit abzubauen, wie sie erzeugt werden. Theoretisch gäbe es dafür zwar immer noch ausreichend

Verfügbare Biokapazität

in globale Hektar pro Person nach Ländern

Daten von 2005

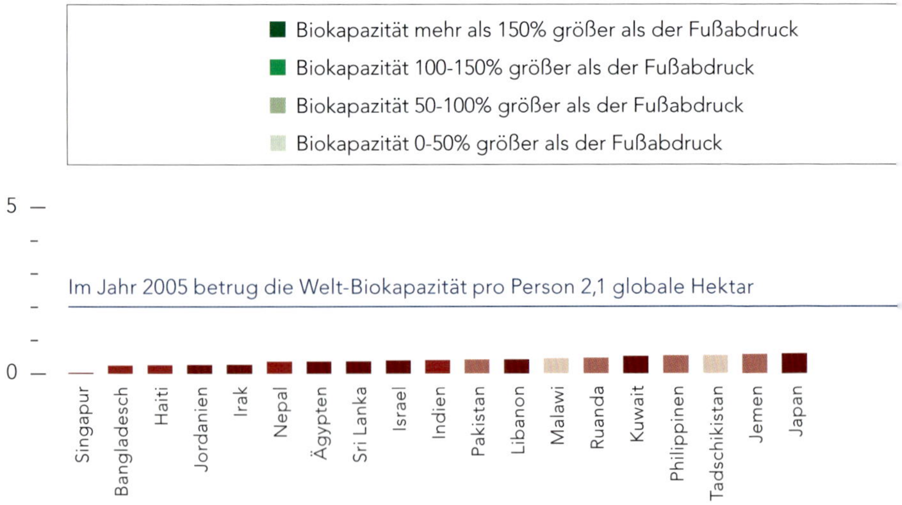

Fläche, aber dann könnten wir deutlich weniger Biokapazität für anderes einsetzen: Essen, Fasern, Brennholz, Stadtflächen.

Ähnlich ist es mit anderen nicht-regenerativen Rohstoffen wie Stahl, Kupfer oder Mineralien. Diese Stoffe sind nur begrenzt Teile der lebendigen Natur. Die meisten mineralischen Substanzen entnehmen wir der Erdkruste. Um sie zu konzentrieren und zu verarbeiten, benötigen wir die Dienste der Natur. Der Footprint berücksichtigt diese Substanzen daher, in dem er die Menge an Energie, die bei der Gewinnung, beim Transport und bei der Verarbeitung anfällt, bilanziert. Das ist die Rechnung, die wir der Natur stellen. Damit sind wir wieder beim Kohlendioxid. Und bei der Biokapazität, die erforderlich ist, um eine bestimmte Menge mit Hilfe der Photosynthese abzubauen. Mit anderen Worten,

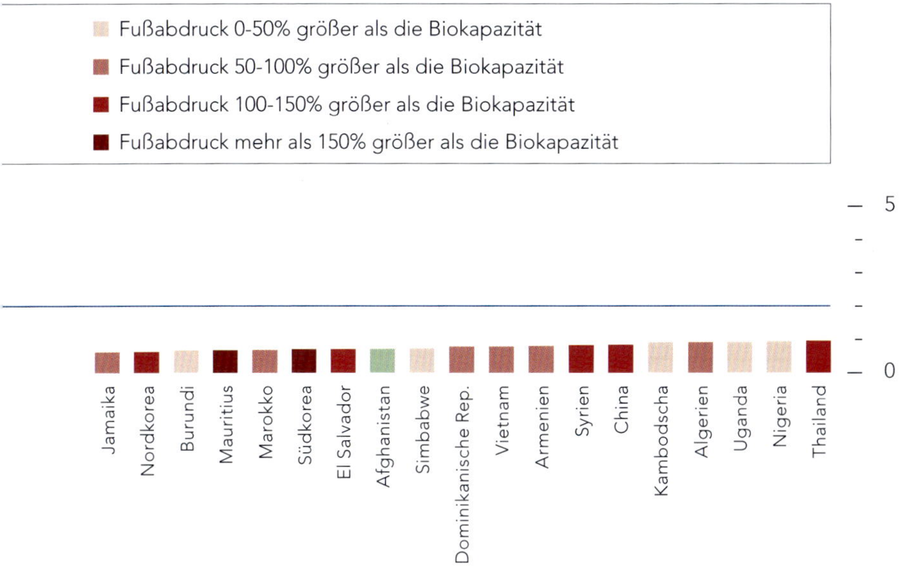

mineralische Substanzen und Erze sind Wertgegenstände, wie Gold oder Aktien, nur benötigen sie im Gebrauch zusätzliche Energie. Auch die kostet Biokapazität.

Lange wurde den nicht-erneuerbaren Ressourcen des Naturkapitals die meiste Aufmerksamkeit geschenkt. Der wichtigste Grund dafür war die Einsicht, dass die Vorräte an fossilen Energieträgern, aber auch an bestimmten Erzen und Mineralien, endlich sind, früher oder später erschöpft sein werden oder nur noch in geringer Konzentration vorliegen und damit schwer zu fördern sind. Die Sorge ist verständlich, da die industriellen Produktionsprozesse auf diese Stoffe angewiesen sind. Und einige Stoffe sind tatsächlich schon knapp. Erst in jüngster Zeit rückt aber die Tatsache in den Vordergrund, dass die erneuerbaren Ressourcen mit ihren lebensunterstützenden Funktionen noch stärker gefährdet sind.[3]

Erneuerbare Ressourcen – Wälder, Fischpopulationen, Feuchtgebiete – können durch Übernutzung zur Gänze aufgebraucht werden. Und zwar dann, wenn der Mensch die erneuerbaren Ressourcen schneller ausbeutet, als sie sich regenerieren können. Während die nicht-erneuerbaren Ressourcen für die direkte Erhaltung des Lebens geringere Bedeutung haben, sind die erneuer-

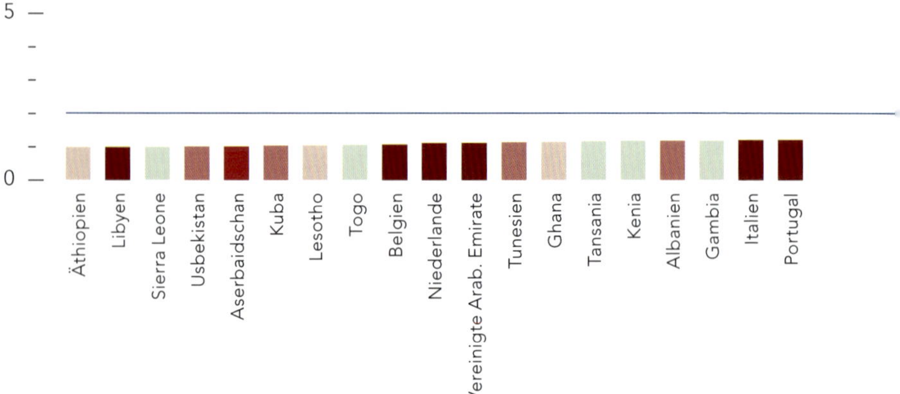

baren Ressourcen eine *conditio sine qua non* für die Existenz allen Lebens auf der Erde.

Aus diesem Grund stellen gerade die erneuerbaren Ressourcen, und damit auch das Regenerationspotenzial der Biosphäre insgesamt, den eigentlich limitierenden Faktor dar, um menschliches Leben und Wohlergehen aufrecht zu erhalten. Dasselbe gilt für die mehr als zehn Millionen Tier- und Pflanzenarten auf der Welt.

Wir sehen die Welt also wie einen Bauernhof. Wie groß ist er? Wie viel gibt er her? Was brauchen wir im Vergleich zur Produktion des Bauernhofs? Bauern denken auch in Fläche – es sind eben diese Flächen, die die ökologischen Dienstleistungen bereitstellen.

Die Sicht des Bauern auf die Natur übersetzt sich in ein wissenschaftliches Buchhaltungssystem. Hinter der Footprint-Methode steht ein Gerüst, das Millionen von Zahlen, die mit Hilfe von Satelliten, Handelsstatistiken, Volkszählungen und Fragebögen gewonnen werden, zusammenführt. Seit dem Jahr 1961 erheben die Vereinten Nationen für den Globus komplette Datensätze. Von diesem Zeitpunkt an kann der Footprint von Nationen konsistent berechnet werden. Das geschieht heute für mehr als

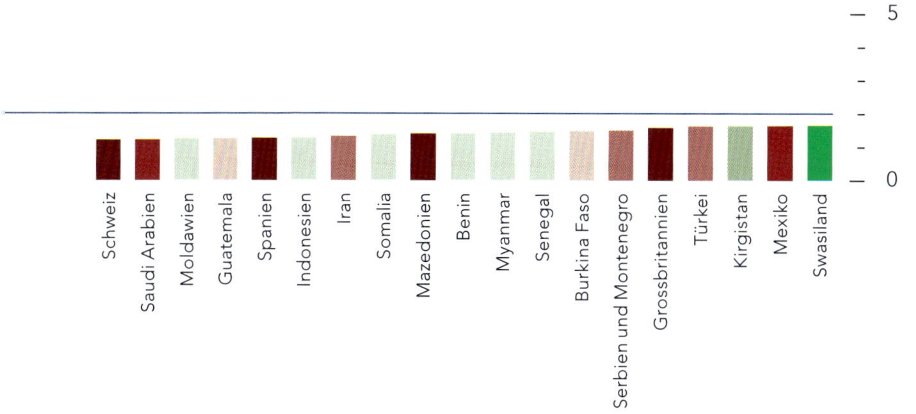

150 Länder. Für jedes einzelne Land benötigt die Methode derzeit rund 5 400 Daten. Auf diese Weise ergibt sich für jedes Land auch ein Footprint-Wert für den durchschnittlichen Verbrauch seiner Bewohner, außerdem eine Berechnung der Naturkapazität des Landes.

Noch einmal: Wie viel Biokapazität braucht ein Mensch? Diese Frage lässt sich im statistischen Sinne heute zwar immer genauer beantworten, eines wissen wir aber mit Gewissheit: dass die Resultate aufgrund der Komplexität der Realität ungenau sind. Sie zeigen zwar in die richtige Richtung, können überprüft und verbessert werden, präzise sind sie aber nicht. Und doch sind sie die besten verfügbaren Antworten auf unsere Fragen. Global Footprint Network, seine Partnerorganisationen und andere Institutionen arbeiten ständig an der wissenschaftlichen Verbesserung. In der Folge werden die Ergebnisse immer verlässlicher.

Die Ergebnisse für 2005[4] haben eine überaus große Bandbreite. Sie repräsentieren den „globalen Bauernhof" – Wald, Fischgründe, Weide und Ackerfläche –, der nötig ist, um den Ressourcenverbrauch zu stillen und die Abfälle aufzunehmen. Somit liegt der durchschnittliche Footprint eines Menschen aus Haiti – ein Land, dessen ökologischer Kollaps von wirtschaftlicher Turbulenz

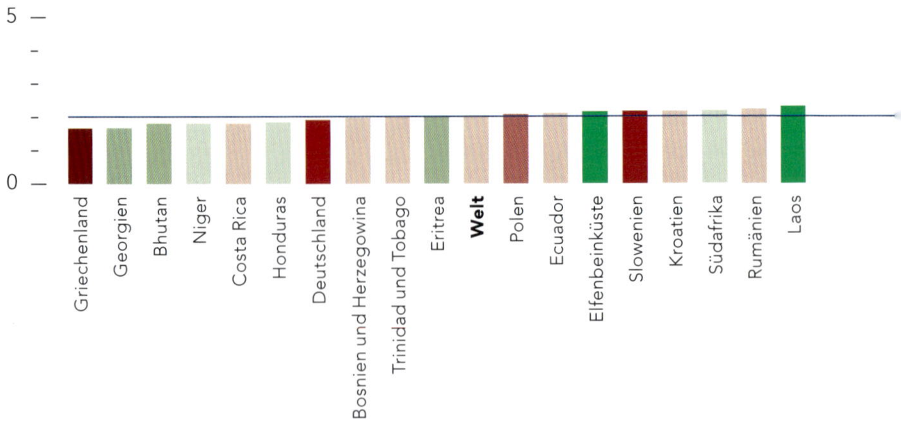

und heftigen politischen Erschütterungen begleitet wurde – bei 0,5 globalen Hektar[5]. Die Nachfrage nach Biokapazität im krisengeschüttelten Afrika beträgt 1,4 globale Hektar pro Person. Ein Deutscher dagegen nutzt 4,2, ein Franzose 5,9, ein Amerikaner 9,4 und ein Bewohner der Vereinigten Arabischen Emirate 9,5 globale Hektar.

Im Internet gibt es eine Reihe von Footprint-Rechnern[6], mit deren Hilfe man ohne großen Aufwand seinen eigenen Footprint ermitteln kann. Ähnlich wie bei einem Quiz antwortet man auf Fragen nach der eigenen Ernährung – zum Beispiel wie oft man in der Woche Fleisch isst –, nach den Wohnbedingungen und nach Mobilitätsgewohnheiten. Der Footprint für einen Einzelnen lässt sich mit diesen Indizien grob abstecken.

Die Methode ist aber nicht nur auf Lebensstile anwendbar, sondern ebenso auf alle möglichen Aktivitäten, Produkte und Dienstleistungen, vom Frühstück bis zur Flugreise – insgesamt vollständig skalierbar.

Der Footprint eröffnet dabei eine neue Wahrnehmung. Wir sehen, was die Dinge, die wir Tag für Tag benötigen, die uns ein reiches und erfülltes Leben ermöglichen, tatsächlich „kosten“, wie viel Biokapazität in ihnen steckt. Unser Dasein ist dabei direkt mit

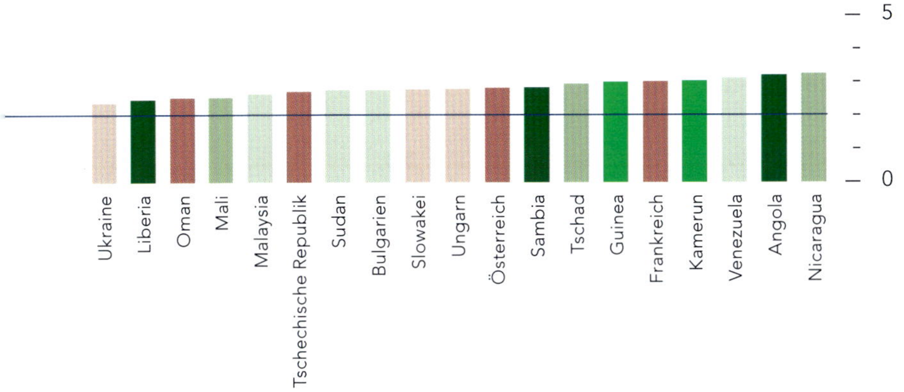

der ökologischen Kapazität des Planeten verknüpft. Aus dieser Perspektive sind Material- und Energieflüsse nicht irgendwo da draußen, jenseits der ökonomischen Sphäre. Vielmehr verstehen wir das menschliche Leben und die Wirtschaft als Teilsystem der Biosphäre. Und zwar sehr konkret: Der Footprint ist ein Werkzeug, um den Stoffwechsel (Metabolismus) von Mensch und Natur zu beschreiben, ein Mikro- wie ein Makroinstrument. Im Kleinen wie im Großen kann man so quantitativ abschätzen, was die Natur uns anbietet, und auch wie wir sie nutzen.

Der Footprint beschreibt in erster Linie, was ist. Die Tatsache, dass wir Biokapazität überhaupt messen und damit objektivieren können, ist in ihrer Bedeutung kaum zu überschätzen. Ein Beispiel: Wir wissen heute, dass wir vor großen Herausforderungen stehen, um das Klimasystem des Planeten einigermaßen stabil zu halten. Die Auswirkungen von Kohlendioxid, dem primären Treibhausgas, auf die biologischen Systeme sind gewaltig. Rund die Hälfte des gesamten Footprint der rund sieben Milliarden Menschen heute ist eine Folge der Nutzung fossiler Energie. Der Carbon-Footprint ist dabei rasant gewachsen. Seit 1961, dem Beginn der statistisch gesicherten Daten der Vereinten Nationen, hat

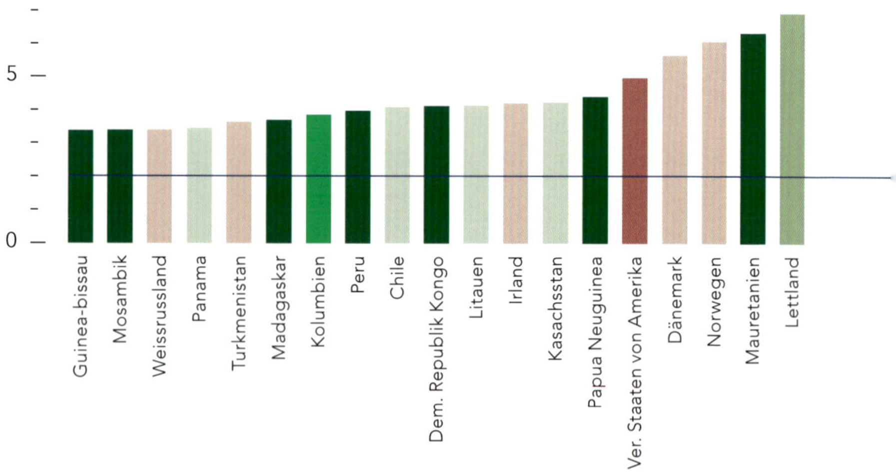

er sich mehr als verzehnfacht. Was damit zu tun hat, dass man sich zwar nur einmal satt essen, aber beliebig viel Auto fahren oder fliegen kann – vorausgesetzt, das Geld dafür ist vorhanden. Für den reicheren Teil der Menschheit ist das Essen zugleich ressourcenintensiver geworden: längere Transportwege, mehr Fleisch, raffinierter in der Zubereitung.

Die Kohlendioxid-Emissionen sammeln sich in der Atmosphäre an und führen zu langfristigen, in einigen Regionen sogar zu massiven Auswirkungen auf das Klima und den Wasserhaushalt. Mit Hilfe des Footprint kann man abschätzen, was geschähe, wenn man erhebliche Teile der Energieversorgung auf nachwachsende Rohstoffe, zum Beispiel Agrotreibstoffe, verlagern würde. Die Atmosphäre

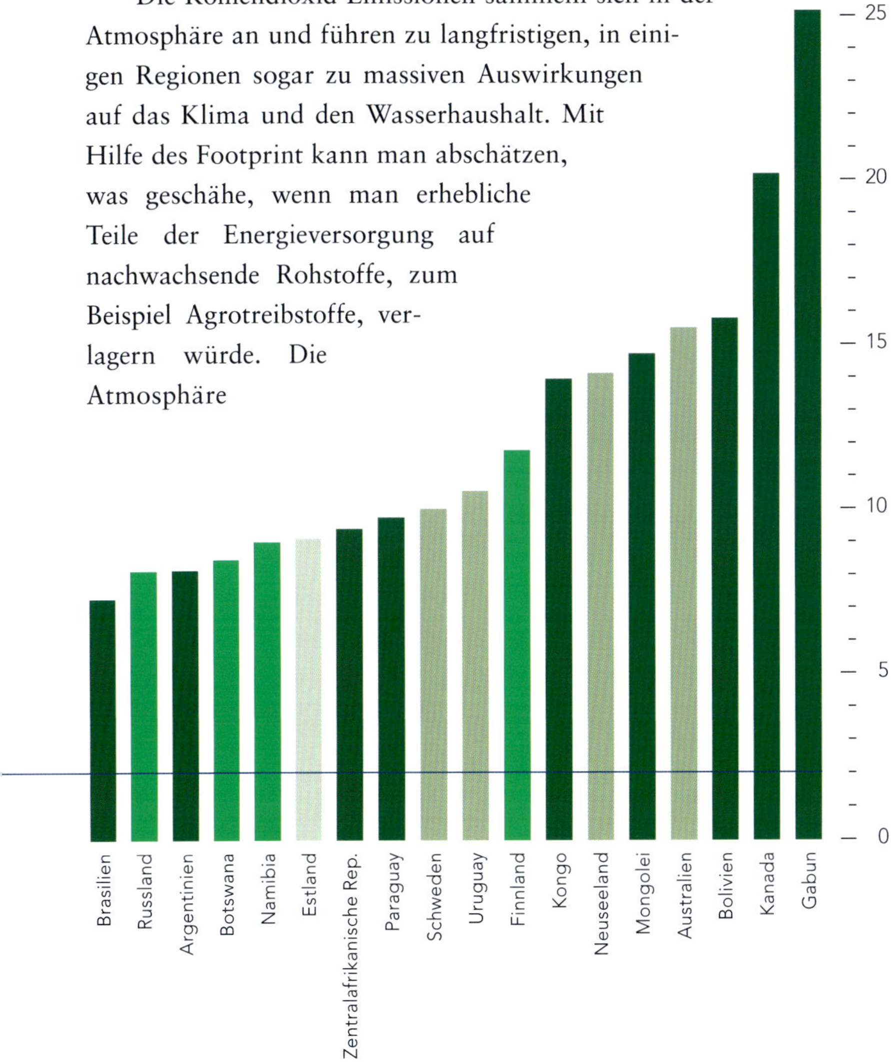

mag zwar in den meisten Fällen entlastet werden – aber wird dadurch vielleicht an anderer Stelle Druck auf die biologischen Systeme ausgeübt? Das erfasst der Footprint. Die meisten gebräuchlichen Techniken, um Energie aus regenerativen Quellen zu gewinnen – Wasserkraft, Windkraft und Biomasse –, weisen einen verringerten Ausstoß an Kohlendioxid auf, aber gleichzeitig brauchen sie eben auch Flächen. Bei der Gewinnung von Energie aus Biomasse gibt es unterschiedliche Verfahren. Bislang werden ausschließlich die Früchte der Agrarprodukte – zum Beispiel Maiskörner, Rapssamen oder Palmölkerne – verwendet; die Techniken der zweiten Generation nutzen dagegen die gesamte Pflanze, der Wirkungsgrad ist entsprechend höher. Trotzdem: Wird dabei nicht dringend benötigte Biokapazität eingesetzt, die der Nahrungsmittelproduktion verloren geht? Der Footprint, das werden wir noch sehen, kann die unterschiedlichen Verfahren quantifizieren, vergleichbar machen und die Fragen damit beantworten.

Das Klimaproblem an sich ist gewaltig. Und doch ist es nur ein Ausschnitt eines umfassenderen Bildes: dem des erstaunlich robusten, aber zugleich auch verletzlichen Planeten Erde mit seiner gesamten Biologie. Das Ganze sehen, das ist die eigentliche Perspektive des Footprint.

Er funktioniert dabei wie eine Landkarte. Seinem Grundgedanken folgend übersetzt er die Ansprüche an Ökosysteme und bringt sie auf „einen Nenner". Im Hintergrund steht ein ebenso umfangreiches wie genaues Datenset, eben wie bei einer Landkarte. Die zeigt uns freilich nur das Wesentliche: Städte, Straßen, Ländergrenzen. Würde sie jeden einzelnen Baum, jedes Haus erfassen, könnten wir sie gar nicht lesen. Diese Komplexitätsreduzierung ist es gerade, die uns hilft, ein unübersichtliches Terrain zu erfassen. Analog ermöglicht es der Footprint, unsere Welt, unseren Planeten mit seinen überaus vielfältigen und bewunderungswürdigen natürlichen Regelwerken besser zu verstehen, auch, wie tief wir darin eingreifen dürfen. Kurz, er hilft uns, Risiken und Möglichkeiten zu beurteilen. Um einen gangbaren Weg zu finden.

Die ökologische Falle – Wie viel Biokapazität braucht eine Stadt?

Erstmalig leben im 21. Jahrhundert mehr Menschen in Städten als auf dem Land. Und obgleich die besiedelten Flächen nur einen kleinen Teil der Oberfläche des Planeten ausmachen, ist bereits heute klar: Das Schicksal der Erde wird sich in den Städten entscheiden. Es kommt darauf an, wie sie ihre Bewohner mit Wasser, mit Lebensmitteln und Energie versorgen. Und wie ihre Architektur, ihre Siedlungs- und Infrastruktur beschaffen sind. In Zeiten knapper werdender Ressourcen stellt sich die Frage immer deutlicher: Wie kann man eine hohe Lebensqualität mit einem intelligenten Einsatz von Ressourcen erreichen? Der Footprint gibt Hinweise in die richtige Richtung.

In einem entlegenen Gebiet des amerikanischen Bundesstaats Arizona entstand zwischen 1987 und 1989 ein gewaltiger Kuppelbau aus Glas. Darunter befand sich ein geschlossenes Ökosystem: mit Savannen, tropischen Regenwäldern, einem Mangrovensumpf, mit Wasserflächen, die den Ozean darstellen sollten, aber auch mit intensiv bewirtschafteter Ackerfläche und Wohngebäuden. Der Name des Projekts *Biosphere 2* zielte bewusst auf den Lebensraum unseres Planeten, also die Biosphäre 1. Sinn und Zweck des Experiments war es, ein autarkes Biotop zu schaffen und damit Erfahrungen zu sammeln, wie man sie zum Beispiel für bemannte Basen auf dem Mond oder dem Mars einmal benötigen könnte.

Am 26. September 1991 schloss sich die Luftschleuse hinter den ersten acht Bewohnern von *Biosphere 2*. Rund zwei Jahre lebten sie in den futuristisch anmutenden Gebäuden, die untereinander verbunden und insgesamt hermetisch von der Außenwelt abgeschlossen waren. Mit der Zeit wurde das Leben in der artifiziellen Welt immer mühsamer. Es stellte sich heraus, dass man Stahlbeton verbaut hatte, der während seines langfristigen Härtungsprozesses den vorhandenen Sauerstoff aus der künstlichen Atmosphäre verbrauchte und Kohlendioxid abgab. Schließlich musste man von außen sogar Sauerstoff einleiten. Weitere Überraschungen stellten sich ein. Mikroben im Ackerboden erhöhten den Gehalt von Stickstoff und Kohlendioxid in der Atmosphäre von *Biosphere 2* stärker als geplant. Kakerlaken und Spinnen fühlten sich in den High-tech-Gebäuden besonders wohl und vermehrten sich rasant. Offensichtlich ist es nicht ganz einfach, die komplexen Regelkreisläufe der Natur zu modellieren, in Gang zu setzen und am Laufen zu halten.

Übertragen wir das Bild von *Biosphere 2* in einem Gedankenexperiment auf eine beliebige moderne Stadt, gleich ob Berlin, London oder New York. Über dieser Stadt wölbt sich eine umgedrehte gigantische Glasschüssel.[7] Weder Luft noch Wasser noch Lebensmittel, auch keine Energieträger wie Öl oder Gas, kein Baumaterial, weder Steine oder Sand, dringen von außen in das künstliche Biotop hinein. Es ist vollkommen abgeriegelt. Sogar die Abwässer, die Autoabgase und der Hausmüll bleiben unter der Glaskuppel eingeschlossen. Einzig das Sonnenlicht hat Zugang zu der futuristischen Stadt, so ist es tagsüber zumindest hell. Mit der Sonneneinstrahlung gelangt auch eine gewisse Menge an Energie hinein. Ob Insekten und Nagetiere diese künstliche Stadt als besonders paradiesisch empfinden werden – niemand weiß es.

Das Gedankenexperiment kommt der Idee des Footprint nahe. Die entscheidende Frage lautet: Wie groß müsste die Glaskuppel über der Stadt tatsächlich sein, um die Bewohner mit allem, was sie zum Leben benötigen, versorgen zu können? Oder einfach: Wie viel Biokapazität braucht eine Stadt?

Tatsächlich verfügen wir heute über wissenschaftliche Erkenntnisse, die eine ziemlich genaue Antwort auf diese Frage geben. Eine der am besten untersuchten Städte ist London. Die Studie *City Limits*[8] kommt zu dem Ergebnis, dass ein durchschnittlicher Londoner Bewohner 6,6 globale Hektar, also etwa acht Fußballfelder, an biologisch produktiver Fläche benötigt, um sein gewohntes Konsumniveau zu halten und sich seines Abfalls zu entledigen. In Haushalten, in der Industrie und bei Bautätigkeiten fällt in der britischen Hauptstadt jedes Jahr so viel Müll an, dass man damit die riesige Royal Albert Hall mit mehr als 40 Metern Höhe 265 Mal füllen könnte.

Bemerkenswert ist auch, wie viel die Bewohner der Stadt tagtäglich zu sich nehmen: Lebensmittel machen mit 41 Prozent einen großen Teil des Londoner Footprint aus. Fasst man den Flächenbedarf aller Londoner zusammen, kommt man auf 49 Millionen globale Hektar, also 300 Mal das geographische Territorium der Stadt; insgesamt eine Fläche, die doppelt so groß ist, wie die des gesamten britischen Königreichs.

Natürlich sind die Ressourcen, auf die eine Stadt zurückgreift, lokaler wie globaler Natur und die Quellen finden sich weit über den Planeten verstreut. Für London gilt das seit langem. Mitte des 19. Jahrhunderts hatte die Hauptstadt des britischen Empire bereits vier Millionen Einwohner, mehr als jede andere Stadt auf der Welt. Und schon damals hatte sie einen Footprint, der in der Geschichte beispiellos war. Ein Autor aus der damaligen Zeit beschreibt das folgendermaßen: „Die Ebenen Nordamerikas und Russlands sind unsere Getreidefelder, Chicago und Odessa unsere Kornkammern, Kanada und der Ostseeraum unsere Holzlieferanten, Australien hält unsere Schafherden und in Argentinien und auf den westlichen Prärien Nordamerikas weiden unsere Rinderherden; Peru schickt Silber, und das Gold Südafrikas und

Australiens strömt nach London. Die Hindus und die Chinesen bauen für uns Tee an. Und unsere Kaffee-, Zucker- und Gewürzplantagen liegen in Westindien. Spanien und Frankreich sind unsere Weinanbaugebiete und unsere Obstgärten liegen im Mittelmeerraum. Unsere Baumwollfelder, die lange Zeit im Süden der Vereinigten Staaten gelegen haben, dehnen sich jetzt überall in den warmen Regionen der Erde aus.“[9]

Heute, 150 Jahre später, gibt es Dutzende vergleichbare, auch deutlich größere Städte auf allen Kontinenten. Sie konkurrieren um dasselbe globale Angebot von Naturkapital. Eine Stadt, die bei geringerem Footprint pro Einwohner eine vergleichbare Lebensqualität bietet, ist eben auch weniger abhängig von Importen und damit wettbewerbsfähiger.

Erstaunlich ist, dass der Footprint des Bewohners einer italienischen Stadt nur etwa ein Drittel von dem des Bürgers einer nordamerikanischen Stadt beträgt. Wobei die amerikanische Siedlungsstruktur geprägt ist von weit ausladenden Vorstädten, meist nur mit dem Auto erreichbar. Die europäische, namentlich die italienische Stadt, dagegen ist kompakt, fußgängerfreundlich und verfügt in der Regel über ein besseres Angebot an Bahnen und Bussen. Die Vorliebe der Italiener für frische, saisonale und lokal angebaute Lebensmittel kommt nicht nur der Küche und der Gesundheit zugute, sondern trägt auch entscheidend zur besseren ökologischen Bilanz bei. Übrigens, ganz ohne High-tech.

Der Footprint bietet gerade für Städte und Regionen ein Werkzeug, um Planungsprozesse sinnvoll steuern können. Angefangen bei der Analyse, indem man die Verbräuche identifiziert, etwa in den Bereichen Mobilität, Bauen oder Energie. Denn, nur was man messen und vergleichen kann, kann man auch managen. Nur so kann man sinnvoll planen und sich konkrete Ziele setzen. Die Verantwortlichen einer Stadt oder einer Region können ihre lokalen Ressourcen (im Sinne unterschiedlicher Flächen) besser bewirtschaften oder auch ihre Ressourcenimporte (sei es Energie für Mobilität, sauberes Wasser oder Holz zur Papierproduktion) reduzieren und folglich die Abhängigkeit und Verletzbarkeit der Kommune minimieren. Ob Naturkapital oder Finanzkapital, ob realer Stoffwechsel oder Balance von monetären Ausgaben und Einnahmen: beide Bereiche brauchen eine verantwortliche Haushaltsführung.

An diesem Punkt kommt wieder die kommunikative Stärke des Footprint ins Spiel. So vielschichtig die Fragen in der Realität auch sein mögen – beim Wohnungsbau, bei der Planung eines Industriegebiets oder eines Fußballstadions –, das Resultat ist stets nur eine einzige Kennzahl, nämlich die für Dienstleistungen der Natur benötigte Fläche. Durch diese Transparenz kann es gelingen, Gesprächspartner aus Wirtschaft, Behörden, Politik und nicht zuletzt die Bürger der Stadt in den Planungsprozess einzubinden.

In einer ökologisch begrenzten Welt mit steigendem Ressourcenverbrauch wird es für Städte und Länder immer riskanter, von großen Mengen Biokapazität abhängig zu sein. Es wird zum Wettbewerbsnachteil.

Diese Tatsache zeichnet sich bei vielen Entscheidungen bereits ab. Etwa wenn Investitionen in die Infrastruktur, seien es Straßen, Schienenwege, Brücken oder Häfen, anstehen. Diese Bauwerke haben eine Lebensdauer von vielen Jahrzehnten. Ein Autobahnsystem zum Beispiel, das die Abhängigkeit von fossilen Energieträgern nicht nur verstärkt, sondern auf lange Zeit festschreibt, gießt den Footprint gleichsam in Beton. Ein Umsteuern ist dann kaum noch möglich. So entstehen ökologische Fallen.

Gehen Sie mal ins Zentrum Ihrer Stadt und suchen sich einen angenehmen Ort zum Verweilen.[10] Schauen Sie sich ruhig um. Die

Menschen, die Häuser, die Autos werden Ihnen bekannt vorkommen. Nun versuchen Sie, eine andere Perspektive einzunehmen, und zwar entlang der Frage: Wo überall ist Energie enthalten? Natürlich in der Beleuchtung, in der Heizung oder Kühlung oder beim Transport. In Wasserpumpen, Fahrstühlen und einer unübersehbaren Anzahl von Haushalts- und Bürogeräten. Darüber hinaus gibt es viele Dinge, worin Energie gespeichert ist, ohne dass sie sofort sichtbar würde. Um Beton herzustellen, braucht es beispielsweise eine Menge davon. Das Gleiche gilt für das Glas der Schaufensterscheiben oder den Stahl, aus dem die Fahrzeuge gefertigt sind. All diese Energie nutzen wir, meist ohne daran zu denken. Der Footprint aber vergisst sie nicht.

Und das aus gutem Grund. Wie bereits erwähnt, geht die Hälfte des globalen Footprint der Menschheit auf das Konto der fossil gewonnenen Energie. Davon wiederum wird ein Großteil von urbanen Zentren und ihren Transportsystemen verbraucht, von denen die meisten in Städten beginnen und dort enden.

In Nordamerika zum Beispiel legen Nahrungsmittel im Schnitt mehr als 2 000 Kilometer von der Farm bis auf den Teller zurück.[11] Industrialisierte Landwirtschaft ist dabei energieintensiv in jeder nur denkbaren Hinsicht. Traktoren brauchen Diesel. Kunstdünger wird aus fossilem Gas gewonnen. Pestizide und Herbizide werden aus Öl synthetisiert. Landwirtschaftliche Güter werden in Plastik eingeschweißt, sie werden gekühlt und wieder erhitzt – größtenteils mit fossiler Energie. Nahrungsmittel, wie sie dann in den Supermärkten der Städte angeboten werden, enthalten schließlich ein Vielfaches, manchmal mehrere hundert Mal mehr Prozessenergie, als dem Menschen beim Verzehr zugeführt wird.

Große Mengen Energie gehen auch beim Weg morgens in die Stadt hinein und abends wieder heraus verloren.[12] Suburbia, der Traum vom Leben auf dem Land und Arbeiten in der Stadt, hat

Unmengen an Ackerland und Waldgebieten verschlungen. Über die vergangenen Jahrzehnte sind viele Städte regelrecht ausgeufert. Zersiedelung ist insbesondere für Städte mit wachsendem Wohlstand typisch. Dabei übertrifft die räumliche Ausdehnung das Wachstum der Bevölkerung deutlich. New York zum Beispiel hat in den vergangenen 25 Jahren rund fünf Prozent mehr Einwohner gewonnen, die besiedelte Fläche ist dagegen im selben Zeitraum um 61 Prozent gewachsen.

Los Angeles ist berühmt für seine gigantischen Autobahnsysteme und Brücken, ein riesiges Ballungsgebiet mit 17 Millionen Einwohnern. Die allermeisten Bewohner fahren mit dem Auto zur Arbeit. Deutlich dichter bebaut ist dagegen die Region London mit immerhin 13 Millionen Einwohnern. Die britische Hauptstadt wiederum mit ihren typischen Doppel- und Reihenhäusern in den Vororten ist mehrere Male größer als Hongkong, eine der am dichtesten besiedelten Städte der Welt. Kein Wunder, dass Hongkong weit effizienter mit Raum (und Treibstoff) umgeht als Los Angeles oder London. Was freilich nicht bedeutet: je dichter, desto effizienter. Extreme Hochhäuser verschlingen durch ihre aufwendige Infrastruktur für Aufzüge, Licht, Wasserversorgung, Heizung und Kühlung beträchtliche Mengen Energie. So viel ist klar, die Siedlungsstruktur einer Stadt hat direkten Einfluss auf ihren Flächenverbrauch. Wichtiger aber noch sind die indirekten Effekte, vor allem die „eingebauten“ Mobilitätsansprüche. Auch hier liefert der Footprint objektive Daten.

Mittlerweile besteht kein Zweifel mehr daran, dass die Verknappung von Ressourcen – vor allem Öl, aber auch sauberes Wasser, Nahrungsmittel, Fisch und bestimmte Erze – eines der drängendsten Probleme des 21. Jahrhunderts ist und sich weiter verschärfen wird. Ebenso eindeutig ist die Rolle der Stadt und der Verstädterung in diesem Zusammenhang. Die Städte dieser Welt, obwohl sie prozentual betrachtet nur wenig Oberfläche bedecken, sind heute, nach groben Schätzungen, bereits für mehr als zwei Drittel des Footprint der gesamten Menschheit verantwortlich. Die Ressourcenfrage, die Klimafrage, ja allgemein die einer nachhaltigen und friedlichen Zukunft auf diesem Planeten wird in den Städten entschieden – gewonnen oder verloren.

Im Jahr 1900 lebten 15 Prozent der Menschen in Städten, mittlerweile sind es mehr als die Hälfte. Im selben Zeitraum ist die Weltbevölkerung von 1,5 Milliarden auf derzeit sieben Milliarden angewachsen – mit Tendenz auf neun bis zehn Milliarden gegen Mitte des 21. Jahrhunderts. Und fast alle diese zusätzlichen Menschen werden in Städten leben. Viele davon in den Slums der Megastädte mit mehr als zehn Millionen Einwohnern. In Gebilden, wie sie zum Beispiel auf einer 500 Kilometer langen Achse zwischen den beiden größten brasilianischen Metropolen, Rio de Janeiro und São Paulo, entstehen: eine Agglomeration von derzeit 37 Millionen Menschen, die bereits mehr Einwohner hat als die Region Tokio-Yokohama. Die Stadt, das dauerhafteste Gebilde höherer Zivilisation, ist im Begriff, immer noch größere, gewaltigere Strukturen herauszubilden, zugleich die komplexesten, die die Menschen jemals geschaffen haben.

In Zeiten knapper Ressourcen werden sich die lokalen Regierungen, ihre Verwaltung, die Wirtschaft, ja alle Bürger fragen müssen: Wie viel Biokapazität braucht unsere Stadt? Wie können wir besser verstehen, wo unsere Ressourcen herkommen, wie sie genutzt werden und wo unsere Abfälle am Ende landen? Vor allem, wie können wir diesen Stoffwechsel unserer Stadt reduzieren? Nur so kann es gelingen, sie besser zu positionieren, um in der globalen Konkurrenz bestehen zu können. Wie können wir unser lokales Naturkapital – zum Beispiel Wasser – schützen, um es nachhaltig zu nutzen? Wie können wir Fortschritte in Richtung auf eine ressourcenextensive Stadt machen und unsere Abhängigkeit von importierten Ressourcen senken? Wie können wir eine Infrastruktur – also Mobilität, Wasser- und Stromversorgung – schaffen, die in Zukunft nicht zur ökologischen Falle wird, sondern effizient ist und zugleich attraktive Lebensstile ermöglicht?

Technik ist dabei durchaus hilfreich. Städte mit relativ großem Footprint können mit vorhandener Technologie ihren Ressourcenbedarf um einen Faktor 4 senken, zum Beispiel indem sie den Energiebedarf der Gebäude verringern. Der Footprint gibt bei all diesen Fragen eine Richtschnur an die Hand.

Felder, Wälder und Ozeane – Wie viel Biokapazität ist vorhanden?

Jeder Wald hat einen Bestand an Bäumen. Entnimmt man daraus Holz, ergibt sich ein bestimmter Ressourcenfluss, zum Beispiel Bauholz oder Brennholz. Als der Mensch in der industriellen Revolution daran ging, statt Holz in großem Maßstab Kohle, Öl und Gas zu verfeuern, waren die Bestände zunächst riesengroß. Zuerst waren es Kohleflöze (der „unterirdische Wald"), später Öl- und Gasvorkommen. Und so wuchsen die Energieflüsse stetig an. Bis offensichtlich wurde, dass auch die Verbrennungsrückstände, zum Beispiel Kohlendioxid, ein Problem darstellen. Um die Treibhausgase abzubauen, braucht es nämlich Wälder und Ozeane. Trotz aller Technik und Innovation bleibt der Mensch auf die Biosphäre, die lebendige Oberfläche des Planeten, angewiesen. Technik hat uns dabei zwar ermöglicht, mehr zu tun, aber in der Regel mit immer mehr Ressourcen. Die Buchhaltung des Footprint zeigt, wie groß die Kapazitäten sind, die wir mittlerweile beanspruchen.

Alle Astronauten, die einmal im Orbit waren, berichten von der großen Ehrfurcht, die sie ergriffen hat, als sie von oben auf die Erde blickten. Beeindruckt waren sie vor allem von der Schönheit, aber auch von der Verletzlichkeit des Planeten. Immer wieder sprechen sie von der königsblauen Horizontlinie, die sich um die Erde spannt. Das ist die Atmosphäre, unsere Lufthülle, die uns vor gefährlicher Strahlung schützt, Wasser in die Berge trägt und uns mit Sauerstoff versorgt. Aus der Ferne betrachtet ist sie unglaublich dünn, versehen mit einem noch feineren Saum. Jenseits dessen beginnt das tiefe, magische Schwarz des Weltraums. Wenn man die Oberfläche des Planeten über längere Zeiträume beobachtet, sieht man die jahreszeitlichen Wellen der irdischen Vegetation, angetrieben durch die Photosynthese, die wie Ebbe und Flut über die Wälder, die Steppen, über Acker- und Weideflächen rollen. Ein wunderbares, selbstregulierendes System, wie es über vier Milliarden Jahre entstanden ist.

Am 23. Juli 1971 startete der erste leistungsfähige ERTS-Satellit (*earth resources technology satellite*), genannt Landsat[13]. Seine Umlaufbahn verlief in einer Höhe von 900 Kilometern. Alle 18 Tage überflog er ein und denselben Punkt auf der Erde. Landsat wurde mit hochwertigen Farbkameras ausgestattet. Mit ihrer Hilfe kann man verschiedene Vegetationszonen und Ökosysteme erkennen. Chlorophyll zum Beispiel reflektiert weniger als 20 Prozent des langwelligen noch sichtbaren Lichts und etwa 60 Prozent der Strahlung aus dem infraroten Spektrum. Die Satelliten wurden seit den 1970er Jahren immer perfekter. Mittlerweile versieht Landsat 7 im Orbit seinen Dienst. Von diesem zivilen Erdbeobachtungssatelliten der NASA stammt auch der größte Teil der Aufnahmen für Online-Kartenportale wie Google Maps. Jeder Punkt des Planeten ist mittlerweile vermessen und kartographiert, die Auflösung der Fotografien betragen nur noch wenige Meter. Erst die Technik – Satelliten, Kameras, Computer – hat uns ein tiefer gehendes Verständnis der Oberfläche des Planeten ermöglicht, sowohl im Detail, wie auch im Zusammenwirken der Ökosysteme und damit der Biosphäre im Ganzen.

Mit Hilfe von Satelliten kommen auch die Daten für den Footprint zustande. Die Methode unterscheidet verschiedene Typen von Landschaften. In der Realität gibt es dabei Unschärfen und Übergänge. In den offiziellen Statistiken, derer sich der Footprint bedient, werden zum Beispiel noch sehr dünne Baumbestände, fast schon Steppen, der Kategorie Wald zugerechnet. Das ist einer der Gründe, weshalb der Footprint insgesamt eher konservativ rechnet und die Situation bewusst optimistischer beschreibt, als sie tatsächlich ist.

Für die Ernteerträge der industriellen Landwirtschaft gilt ähnliches. Die vorliegenden Zahlen, die von der Nahrungs- und Landwirtschaftsorganisation (FAO) der Vereinten Nationen stammen, geben uns keine Information darüber, wie viel der höheren Erträge Folge des massiven Einsatzes von fossiler Energie und von Agrochemikalien ist. Oder welche Böden durch Erosion langfristig geschwächt werden können. Auf Dauer dürfte das Ertragsniveau deshalb kaum zu halten sein.

Die Footprint-Methode rechnet als Biokapazität, was in jedem Jahr produziert wird. Falls heutige Produktionsweisen Ökosysteme schädigen, tritt das in der Buchhaltung erst zutage, wenn die Schwächung eingetreten ist. Der Footprint liefert also keine Vorhersage.

Immerhin, es gibt einen allgemein gültigen Datensatz, alle Zahlen stammen von UN-Organisationen. Und: Jedes Jahr kommen neue, aktuelle Daten hinzu. Nur so wird eine ökologische Buchführung möglich.

Der Footprint ist ein Indikator, der den menschlichen Verbrauch an Naturressourcen und -dienstleistungen ins Zentrum stellt. Er fragt nach dem Nutzen von Biokapazität, wie sie in wirtschaftliche Prozesse eingeht. Damit setzt er nicht direkt auf ökologische Methoden, zum Beispiel die der Nettoprimärproduktion[14] (*net primary productivity*), mit deren Hilfe man versucht, die Biomasseproduktion von Ökosystemen zu beschreiben.[15] Der Footprint fokussiert vielmehr auf Land- und Wasserflächen, die in der Lage sind, ökologische Ressourcen und Dienstleistungen für den menschlichen Gebrauch[16] zu liefern, beispielsweise für die Produktion von Gütern, aber auch für die Deponierung des Abfalls.

Offene Ozeane zum Beispiel, die für den weltweiten Fischfang eher unerheblich sind, gehen nicht in die Footprint-Kalkulationen ein, ebenso wenig Wüsten oder Eisregionen. Mitgerechnet werden dagegen küstennahe Gewässer, Kontinentalsockel, Auftriebswasser-Gebiete, Wattenmeere oder Flussmündungen, auf die mehr als 90 Prozent des Fischfangs entfallen.

Hochproduktive Ökosysteme, beispielsweise in gemäßigten Zonen, reproduzieren sich relativ schnell. In den Alpen dagegen sind die Vegetationsprozesse langsamer und anfälliger. Trockene Graslandschaften, etwa in Australien, können nicht so intensiv beweidet werden. Wenn Rinder sich zu weit vom Wasserloch entfernen, verdursten sie. Je kleiner die Biokapazität pro Fläche, desto weniger kann man sie nutzen, erst recht nicht nachhaltig. Fällt die Produktivität unter eine bestimmte Schwelle, nimmt der Nutzen radikal ab und die Flächen werden für Menschen in den meisten Fällen praktisch wertlos. Insgesamt beträgt die Gesamtheit der produktiven Flächen, zu Wasser und zu Land, derzeit rund 13,6 Milliarden Hektar. Das entspricht etwa einem Viertel der gesamten Oberfläche des Planeten.

Mit dem Footprint wurde eine Methode entwickelt, um die Vielfalt der Ökosysteme zu erfassen. Er unterscheidet dabei sechs verschiedene Landtypen:

1 **Ackerland** verfügt über die größte Bioproduktivität. In den Footprint-Berechnungen repräsentiert dieser Landschaftstyp die Summe unterschiedlicher Feldfrüchte, die geerntet werden, wie Korn, Ölfrüchte, Baumwolle und anderes mehr.

2 Für **Weideland** gilt dasselbe, nur dass auf den Flächen tierische Produkte wie Fleisch, Milch oder Wolle produziert werden. Tierische Produktion lebt aber nicht nur von Weide-

land. Zum Beispiel werden viele Kühe mit Ackerlandprodukten wie Soja oder Mais gefüttert.

3 Bei **Fischgründen** beruhen die Footprint-Rechnungen auf einer Einschätzung des Maximums an nachhaltigem Fischfang, der in den unterschiedlichen Gebieten möglich ist. Dies gilt sowohl für Binnenseen wie für Küstengewässer.

4 Auch **bebautes Land** verfügt über eine gewisse Biokapazität, durch Gärten, Straßenbegleitgrün oder ähnliches, die allerdings vom Haus- und Straßenbau gemindert wird. Genauer, beim bebauten Land wird die kompromittierte Biokapazität gemessen, also das landwirtschaftliche Potenzial, das zugunsten von Städten, Dörfern und Straßen aufgegeben wird.

5 Der Landschaftstyp **Wald** steht für die Summe an Holz und Fasern, die er beispielsweise für Baumaterial oder zur Papierherstellung hervorbringt.

6 Wald, wenn er entsprechend bewirtschaftet wird, kann aber auch andere Dienstleistungen offerieren, zum Beispiel Kohlendioxid absorbieren. Dabei handelt sich nicht um empirische, per Satellit ausgewiesene Areale. Entscheidend ist vielmehr die Frage: Wie viel Wald verpflichten wir langfristig für die Kohlenstoff-Absorbtion? Diesen Teil des Waldes nennen wir **CO_2-Land** (*carbon uptake land*). Diesem Flächenangebot steht als Nachfrage der Carbon-Footprint (CO_2-Ausstoß) gegenüber.

Stellen wir uns einen Bauernhof vor, dessen Felder überdüngt werden. Die überschüssigen Nährstoffe wäscht der Regen in einen

Bach. Der wiederum fließt in einen See außerhalb des Bauernhofs. Das Wasser wird langsam trübe. Der See wird damit zur Senke für Abfälle und produziert weniger Fisch. Weil er ökologische Dienstleistungen für den Bauernhof übernimmt. Damit gleicht der Hof einem Staat, der Kohlendioxid emittiert und darauf setzt, dass irgendein Ökosystem auf der Welt schon damit fertig wird. Oft stellen wir das CO_2-Land nicht zur Verfügung und hoffen, dass diese Dienstleistung woanders für uns geleistet wird. Aber, dass wir eine Senke für unsere Abfallströme benötigen, damit sich die Abfälle nicht akkumulieren, ist eine handfeste ökologische Realität. Statt es für die Holzproduktion zu nutzen, kann eine Waldfläche durchaus für die Absorbtion von Kohlendioxid zur

Unterschiedliche Landtypen der Footprint-Methode und ihre historische Entwicklung

in Anzahl benötigter Planeten Erde

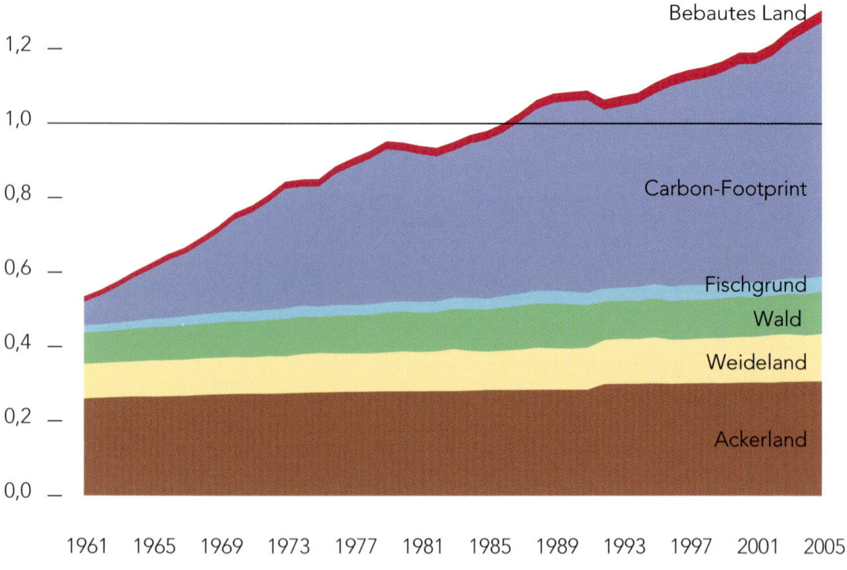

Verfügung gestellt werden. In einigen Fällen geschieht das bereits (Die Finanzierung erfolgt über so genannte *carbon offsets*). Allerdings wird das nur in einem viel geringerem Maße praktiziert, als wir Kohlenstoff in die Atmosphäre blasen.

Sinn und Zweck des Footprint ist es, einen durchgängigen, einen aggregierten Indikator zu schaffen, eine „Währung". Nur so erhält man ein Instrument, mit dem man die Biokapazität weltweit berechnen und vergleichen kann. Die Ökosysteme in unterschiedlichen Ländern sind aber unterschiedlich produktiv. Deshalb werden für alle Landtypen jeder Nation gesonderte Erntefaktoren (*yield factor*) bestimmt, und zwar jährlich.[17] Hinzu kommt der Äquivalenzfaktor (*equivalence factor*), der die

Weltbiokapazität nach Ländern

in globale Hektar

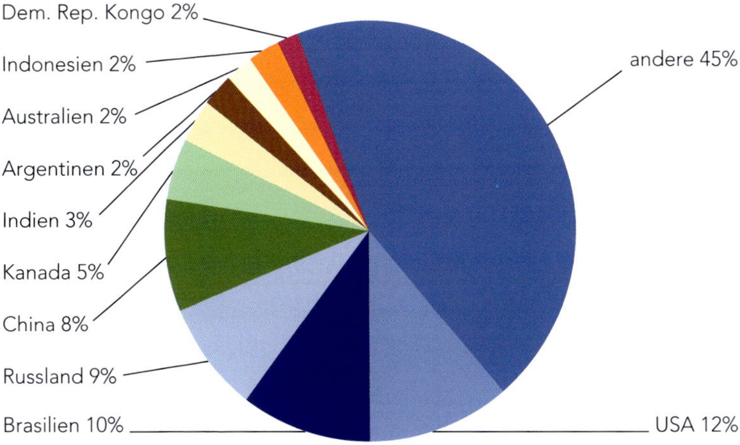

verschiedenen Landtypen des Planeten in Flächen durchschnittlicher Weltproduktivität umrechnet (Wie viel Biokapazität hat ein Hektar durchschnittlicher Wald im Vergleich zu einem Hektar durchschnittlicher Ackerfläche?). So kommt man schließlich zur zentralen Maßeinheit des Footprint, dem globalen Hektar (*global hectar*). Der globale Hektar entspricht einer quadratischen Fläche mit der Kantenlänge von 100 Metern – also insgesamt 10 000 Quadratmeter – biologisch produktiver Fläche mit Weltdurchschnittsproduktivität.

Auf biologisch produktiven Flächen findet ein signifikantes Maß an photosynthetischer Aktivität statt. Der kontinuierliche Fluss der Sonnenenergie wird von Pflanzen dazu genutzt, aus Kohlendioxid Sauerstoff zu produzieren und Biomasse aufzubauen. Die Photosynthese ist damit der Ausgangspunkt für alle Nahrungsketten und der Motor sämtlicher Energie- und Stoffkreisläufe der Biosphäre.[18] Kein anderer Prozess hat die Evolution der Natur so stark geprägt wie die Photosynthese. Sie war es, die maßgeblich zum Aufbau der Atmosphäre beigetragen hat. Ihr ist es zu verdanken, dass die Oberfläche des Planeten sich über Millionen Jahre hinweg von einem unwirtlichen Ort in ein sich selbst reproduzierendes und regulierendes System mit einer großen Vielfalt an Lebewesen verwandelt hat. Ohne diese wundersame „Biomaschine" wäre der Planet Erde so tot wie der Mars.

Freilich, im Laufe ihrer Geschichte hat die Menschheit in der Natur gründlich „aufgeräumt". Mittlerweile wurde etwa die Hälfte der ehemals unberührten Wälder in Weideflächen, Äcker und Stadtflächen umgewandelt. Auf sämtlichen Kontinenten hat der Mensch viele der großen, wild lebenden Säugetiere aus ihren Biotopen verdrängt und ausgerottet (Afrika bildet hier eine gewisse Ausnahme). Das gilt besonders für auf dem Land lebende Raubtiere wie Tiger, Bären und Wölfe.

Je höher ein Tier in der Nahrungskette steht, umso seltener ist es. Jeder Schritt auf dieser Leiter nach oben bringt es weiter weg von der ursprünglichen Produktion der Photosynthese und mehr Energie bleibt auf der Strecke. Variiert die Produktivität von Ökosystemen, hat das große Auswirkungen auf das Tier hoch oben in der Nahrungskette. In der Tundra ist das Niveau der Photosynthese aufgrund der Kälte und der fehlenden Sonne relativ niedrig. Zudem müssen Tiere überwintern und sich ein Nahrungsmitteldepot anlegen. In der Folge können sich weniger Lebewesen von diesem Gebiet ernähren. Die Artenvielfalt ist zugleich geringer und die Nahrungskette relativ einfach strukturiert. Ein gegenteiliges Beispiel sind Wälder in gemäßigten und mehr noch in tropischen Klimazonen. Sie weisen eine deutlich höhere Produktion von Biomasse auf. Ihre Ökosysteme sind reicher und vielgestaltiger.

Nicht unbedeutende Teile der Erdoberfläche sind als Naturschutzgebiete ausgewiesen, de facto steht ein Großteil dieser Landschaft aber trotzdem unter menschlichem Einfluss. Nationalparks wie der Yosemite Park in Kalifornien werden alljährlich von einem Millionenpublikum, ausgerüstet mit Geländewagen und riesigen Wohnmobilen, bevölkert. Im Ergebnis gibt es keinen Punkt mehr auf der Erde, an dem die Menschen nicht ihre Spuren hinterlassen haben. Und selbst in den entlegensten Teilen der Antarktis sind die Abfallstoffe von Industriestaaten nachweisbar.

Der Mensch macht sich die Erde untertan, wie es in der Bibel heißt. Von einer seltenen, in ihrer Frühzeit oft selber vom Aussterben bedrohten Art, hat sich die Menschheit zum absoluten Herrscher über den Rest der Natur aufgeschwungen und praktisch die gesamte Biosphäre des Planeten domestiziert. Die meisten Flüsse sind reguliert und kanalisiert, oft mit katastrophalen Auswirkungen. Dem Nil in Ägypten wird so viel Wasser entnommen, dass er über weite Teile des Jahres gar nicht mehr das Meer erreicht. Aus demselben Grund ist der Rio Grande, bis er in Mexiko angelangt ist, schon stark genutzt und mit Salz beladen, wodurch die Wasserqualität leidet. Schließlich versickert der Fluss einfach in der Landschaft, um einige hundert Kilometer später durch einen Nebenfluss wieder zu neuem, freilich bescheidenem Leben erweckt zu werden.

Der Gelbe Fluss in China ist im Laufe seiner Geschichte bereits oft umgeleitet und eingedeicht worden, jetzt aber geht es wohl ernsthaft an die Substanz. Seine Fließgeschwindigkeit und die Menge an Wasser sind so weit reduziert, dass die mitgeführten Schlammmassen sich überall im Flusssystem ablagern und der Gelbe Fluss Jahr für Jahr aus seinem Bett herauswächst. Die Trockenlegung weiter Teile des Aralsees schließlich war kein Betriebsunfall sowjetischer Wasserbauingenieure, man wollte einfach den Grund des Sees nutzen, um Baumwolle zu pflanzen.[19]

Die romantische Vorstellung, dass alles Ursprüngliche irgendwie gut, das Künstliche dagegen schlecht sei, macht heute keinen Sinn mehr. Die letzten naturbelassenen Ökosysteme sind so vollständig von kultivierten Landschaften umgeben, dass es die Wildnis im eigentlichen Sinne nicht mehr gibt.[20]

Mittlerweile bewegt der Mensch mehr Masse (Erdreich, Biomasse, Mineralien) als die natürlichen Kräfte von Wind und Wasser zusammen. Der stoffliche Austausch zwischen Mensch und Natur (Metabolismus) ist nicht nur quantitativ angeschwollen. Die Geschichte ist vielmehr durch die Abfolge durchaus verschiedener metabolischer Systeme charakterisiert. Als Jäger und Sammler nutzten die Menschen etwa eine Tonne Natur pro Kopf und Jahr für ihre Ernährung, einfache Behausungen und Waffen. In Agrargesellschaften waren es bereits etwa drei bis fünf Tonnen. Begrenzt wurde die Entwicklung durch einen Mangel an Energie, wie wir noch sehen werden. In Industriegesellschaften schließlich liegt der Naturverbrauch pro Kopf und Jahr um die 50 Tonnen, ohne Wasser und Luft.[21] Der Footprint wirft ein bezeichnendes Licht auf diese Entwicklung – bis in die Gegenwart hinein.

In Agrargesellschaften bildete die Landwirtschaft die alles beherrschende Rohstoffbasis der Ökonomie. Sie lieferte nicht nur die Nahrung, sondern auch Fasern wie Wolle, Hanf, Flachs, dazu Öle und Farben, außerdem Felle, Leder und Knochen. Die Landwirtschaft war zudem die wichtigste Quelle der Energie, nämlich in Form von Biomasse, vor allem Holz. Dies war wiederum die Voraussetzung, um mineralische Rohstoffe wie Salz, Keramik, Metalle oder Ziegel zu gewinnen.[22]

Holz zu produzieren machte weit weniger Arbeit als der Getreideanbau. Deshalb dachten die Menschen oft, Holz sei ein freies Gut, das nur geerntet, jedoch nicht gepflanzt werden müsste. Aber spätestens, wenn das Holz wieder einmal knapp wurde – in vorindustriellen Zeiten ein häufiges Phänomen –, war klar: Holzfällen „zerstört" im gleichen Sinne den Wald, wie die Getreideernte ein Weizenfeld „zerstört". Biomasse zu produzieren braucht Fläche. Und die ist endlich. Unterschiedliche Arten der Nutzung befinden sich daher meist in Konkurrenz zueinander: entweder – oder.

Für den Bau eines durchschnittlichen Schiffes benötigte man im 18. Jahrhundert das Holz von 20 Hektar Hochwald, also rund 2 000 Bäume, wovon jeder etwa zwei Tonnen wog. Und dann brauchte es 50 bis 80 Jahre, um diesen Bestand wieder aufzuforsten. In England, dem Mutterland der Industrialisierung, wurden zu dieser Zeit weite Teile des Waldbestandes allein für den Schiffbau abgeholzt. Ältere und größere Bäume wurden selten. Das Holz für Schiffsmasten kam zunehmend aus Skandinavien und Russland, während Material für die Planken weiterhin im Inland geschlagen werden konnte.

Agrargesellschaften waren komplett auf Sonnenenergie angewiesen. Erst später, in agrarindustriellen Systemen, kamen Kunstdünger oder Diesel für den Traktor aus fossilen Quellen hinzu. So lange dies aber nicht geschah, war die Abhängigkeit von der Fläche und vom Sonnenlicht komplett. Wenn Holz knapp wurde, musste man es importieren, nämlich von anderen Flächen. Oder man forstete den Wald wieder auf, dann konnte man dort aber kein Getreide mehr anbauen. Wenn fließendes Wasser genutzt werden sollte, musste man häufig Staudämme anlegen, Wiesen und Felder, die vordem für die Nahrungsmittelproduktion benötigt wurden, standen unter Wasser.

Durch Fischfang konnte der Speiseplan deutlich verbessert werden. Proteine kamen dann aus dem Wasser und nicht mehr aus der Viehzucht oder der Jagd. Für Fischfang betreibende Nationen wie England oder die Niederlande wurden die entsprechenden Flächen im Inland somit frei für eine andere Nutzung. In diesem Sinne konnte man die Weiten des Meeres dem eigenen Territorium durchaus hinzurechnen.

Grundsätzlich gilt: Die Menschen in Zeiten der solarbasierten Agrargesellschaft schalteten sich über Flächen in Stoff- und Energieflüsse ein. Die natürlichen Bestände in diesem System waren klein. Auch Wälder, worin die Biomasse immerhin über einige Jahrzehnte gespeichert war, konnte man nicht über die Maßen nutzen, ohne sie zu zerstören. Im agrarischen Solarenergiesystem waren Energiedichte und Energieflüsse deshalb immer gering. Wenn aber Energie knapp ist, dann ist alles knapp. Über Jahrtausende war der Alltag der meisten Menschen von Armut und Hunger gezeichnet.

Das alles änderte sich radikal, als die Menschen lernten, in großem Maßstab Kohle (den „unterirdischen Wald“), später Öl und Gas zu nutzen. Zu Beginn der Industriegesellschaft gelang es, die Tresore aus geronnener Sonnenenergie der Vergangenheit zu öffnen, damit standen scheinbar unendliche Energiedepots zur

Verfügung. Und daraus konnte man einen gewaltigen Energiefluss generieren.

Kurz, mit dem Übergang von der solarbasierten Agrargesellschaft hin zur Industriegesellschaft haben die Menschen einen neuen, entscheidenden Entwicklungspfad eingeschlagen. Der Energieverbrauch pro Kopf stieg deutlich, die Bevölkerungsdichte nahm weiter zu. Das Ressourcenproblem war erst einmal gelöst, die Beschränkung durch die Fläche gesprengt.

Das fossile Energiesystem revolutionierte insbesondere Mobilität und Verkehr. Der Transport über Land war Jahrtausende lang mühsam, langwierig und teuer. Nur per Schiff konnte man größere Lasten bewegen. Mit dem Einzug der Industriegesellschaft kamen Eisenbahnen auf, im 20. Jahrhundert schließlich setzte eine massenhafte Motorisierung durch das Auto ein. Der Bestand an Pferden ging drastisch zurück. Über Jahrhunderte hatten sie Personen oder Güter transportiert oder wurden vor den Pflug gespannt. Heute sind sie neben dem Reitsport und der Pferdezucht eher Spielzeug für junge Mädchen. Der Anteil der Weideflächen für Pferde und Zugtiere ist geringer geworden. Dafür steigt die Zahl der Straßen, Autobahnen und Parkflächen für die Autoherden, die den Planeten überziehen.

Energieströme triggern Stoffströme – diesem Grundsatz zufolge schwollen die Material- und Warenströme seitdem immer weiter an. Technische, logistische und politische Entwicklungen traten hinzu. So geht es bis in die globalisierte Gegenwart hinein.

Das erste Containerschiff, ein umgebauter, ehemaliger Tanker, stach im Jahr 1956 mit 58 standardisierten Blechkisten in See. Heute beträgt die Tragfähigkeit der größten Frachter 13 000 Einheiten. Die riesigen Containerschiffe liegen nur noch wenige Stunden im Hafen. Be- und Entladung laufen fast vollautomatisch. Dann geht es wieder hinaus aufs Meer.

Die Auffassung von natürlichen Beständen und Flüssen, von *stocks and flows* im Naturkapital, wie sie im Übergang von Agrar- zu Industriegesellschaften sichtbar wird, liegt auch dem Footprint zu Grunde. Er fragt nicht: Wie viele Kilo Tomaten esse ich? Sondern: Wie viel Gartenfläche, wie viel *stock* wird benötigt, um die Menge Tomaten zu erzeugen, die ich esse? Der Footprint führt Buch darüber, was die Erde in einem bestimmten Zeitraum produziert. Er fragt: Wie viel Holz wächst im Wald pro Jahr? Um wie viele Tonnen Fisch nimmt der Bestand pro Jahr zu? Wie viel Kohlendioxid wird jährlich in die Atmosphäre gepumpt? Jahr für Jahr wird das Footprint-Archiv mit neuen Zahlen bestückt. So weiß man, wie groß die Entnahme in Form von Ressourcen und Dienstleistungen pro Jahr ist, und wie produktiv die Flächen sind, um diese Ressourcen bereitzustellen und den Abfall aufzunehmen. Der Footprint ankert dabei methodisch immer in der Beschreibung der Flächen und dem, was sie produzieren. Der Bestand im Sinne ganzer Ökosysteme – ein Wald oder ein See – wird in der Methode hingegen nicht vollständig beschrieben. Im Ergebnis hat man aber immer den aktuellen „Kontostand" des Naturkapitals und zugleich eine Tendenz, in welche Richtung es sich entwickelt.

Ein Wald zum Beispiel enthält eine bestimmte Menge Biomasse. Beständig füllt die Natur den Bestand auf, deutlich erkennbar an den Jahresringen der Bäume. Förster wissen genau, wie viel Holz sie entnehmen dürfen, damit der Wald nicht schwächer wird. Im Einzelnen sind die Prozesse von *stocks and flows* durchaus kompliziert, im Resultat aber auch sehr einfach: wie bei einem Stausee, wo es Zuflüsse und Abflüsse gibt. Der Saldo ist stets abzulesen am Wasserstand. Dieses Prinzip macht sich der Footprint zu Eigen.

Ein reifer Wald enthält etwa so viel Biomasse, wie sie über 50 Jahre produziert worden ist. Die meisten Ökosysteme halten dagegen einen deutlich geringeren *stock* vor. Elf Tage Produktion entsprechen der gesamten Biomasse im Meer. Ganz anders sieht es mit fossilen Lagerstätten aus, sie verfügen über einen gewaltigen *stock*, der im Laufe riesiger Zeiträume gebildet wurde. Aber es ist auch ein Bestand, der immer weniger wird, weil Kohleflöze, Öl- und Gasfelder nur sehr langsam, über Hunderttausende von Jahren, erneuert werden. Gegenwärtig verbraucht die Menschheit in einem Jahr etwa so viele fossile Energieträger, wie die Erde innerhalb einer Million Jahre gebildet hat.[23]

Der große Traum der fossilen Kraftstoffe hieß: unendliche Energie zu niedrigen Preisen! Nach dem Zweiten Weltkrieg erlebten die industrialisierten Teile der Welt ein wahrhaft Goldenes Zeitalter mit enormen Wachstumsraten. In Europa, Nordamerika und in Japan erfuhren breite Bevölkerungsschichten einen Wohlstand,

Immer mehr Biokapazität wird benötigt, um Kohlendioxid zu absorbieren.

in Anzahl benötigter Planeten Erde

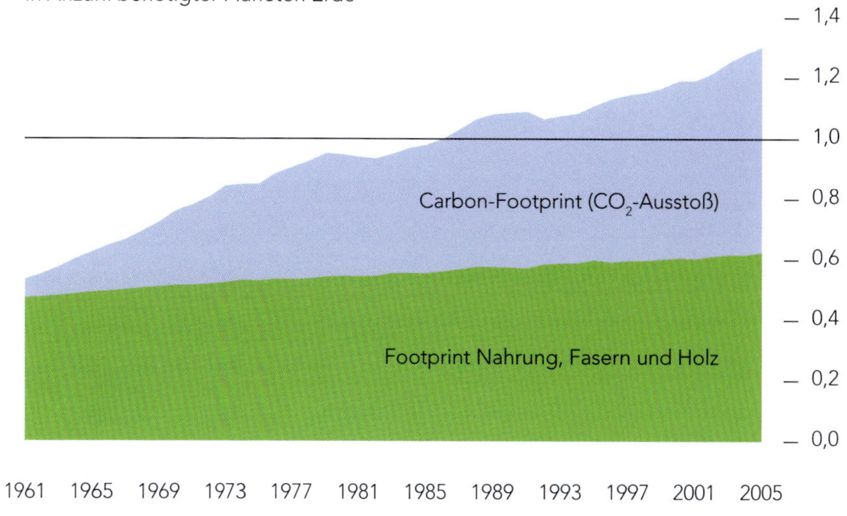

der zu Zeiten ihrer Großeltern nur Millionären vorbehalten war, mit Telefon, Kühlschrank, permanent geheizten (oder gekühlten) Wohn- und Schlafzimmern, eigener Waschmaschine und Auto. Zwischen 1949 und 1972 verdreifachte sich der weltweite Energiekonsum.[24] Gleichzeitig wurde Öl immer billiger. Und je mehr man verfeuerte, desto mehr Lagerstätten wurden entdeckt – ein einziger Energierausch. Erst mit der Ölpreiskrise 1973 bekam dieses überschwängliche Lebensgefühl einen Dämpfer. Der Verbrauch von fossilen Energieträgern ging aber keineswegs zurück, im Gegenteil.

Die Grenzen der solarbasierten Agrargesellschaft lagen in den beschränkten Ressourcen- und Energieströmen (*flow limited*). Mit dem Eintritt ins fossile Zeitalter sind sie explosionsartig angewachsen. Bis man feststellen musste, dass auch diese Bestände begrenzt sind (*stock limited*). Während der vergangenen 200 Jahre hat die Menschheit unvorstellbare Mengen Kohlenstoff aus der Erdkruste in die Atmosphäre geschaufelt, so dass der Kohlendioxid-Gehalt mittlerweile um ein Drittel angestiegen ist. Die Befreiung von den engen Grenzen der solarbasierten Agrargesellschaft, insbesondere die Abhängigkeit von der Fläche, hat sich – Ironie der Geschichte – ins Gegenteil verkehrt. Und wiederum ist die Grenze die Fläche: Ozeane und Wälder sind überfordert, die gewaltigen Mengen Kohlendioxid zu absorbieren.

Aber selbst wenn die Biokapazität der Planeten genutzt würde, um das gesamte Kohlendioxid, das wir erzeugen, zu absorbieren, hätten wir nicht mehr genug Fläche, um Holz zu produzieren oder Mais oder Kartoffeln. Dies ist eine der großen Stärken des Footprint: Er hat die gesamte Biosphäre im Blick, nicht nur das Klima. Er beschreibt den gegenwärtigen Zustand und benennt die Leitplanken[25] einer nachhaltigen Entwicklung.

Der Footprint bestimmt das natürliche Angebot der Biokapazität, ausgedrückt in produktiver Fläche und setzt es ins Verhältnis zur Nachfrage durch den Menschen. Damit haben wir einen Auszug von unserem globalen ökologischen Konto. Nun kann man damit so oder so verfahren. Wie mit echten Kontoauszügen: Man kann sie anschauen und seine Konsequenzen daraus ziehen – oder sie wandern ungeöffnet in den Papierkorb.

Wir haben nur diesen einen Planeten – Ökologische Grenzen und darüber hinaus?

Die Menschheit fängt mehr Fisch, als die Fischgründe auf Dauer hergeben, entlässt mehr Kohlendioxid in die Atmosphäre, als die Ökosysteme absorbieren können. In einigen Regionen schlägt sie auch mehr Bäume als nachwachsen und pumpt mehr Wasser aus dem Boden, als sich im Grundwasser wieder sammelt. Dieses Phänomen nennt man Overshoot. Die Menschen erfahren es als einen unangenehmen Nebeneffekt wirtschaftlicher Aktivitäten. Zudem stellt sich Overshoot meist schleichend ein. Das macht die Sache so gefährlich. Denn ab einem bestimmten Punkt kollabieren die Ökosysteme. Sie geben nicht mehr her, was wir von ihnen wollen. Der Footprint übernimmt die Buchführung, er zeigt, wie viel biologische Kapazität vorhanden ist und wie sie genutzt wird. So können wir sehen, ob wir in unserem eigenen Interesse handeln, für heute und morgen.

Wer im Jahr 1950 geboren wurde, war Zeuge einer schier unglaublichen Zunahme der Weltbevölkerung, von 2,5 auf rund sieben Milliarden Menschen heute. In der zweiten Hälfte des 20. Jahrhunderts hat er ein Wachstum der Weltwirtschaft um das Siebenfache erlebt. Der globale Wasserverbrauch[26] stieg in derselben Zeit um das Dreifache, der Kohlendioxid-Ausstoß um das Vierfache und die Anlandung von Fisch um das Fünffache. Niemals zuvor in der Geschichte der Menschheit hat es einen vergleichbaren Wachstumsrausch gegeben.

Laut Footprint hat die Menschheit in der Mitte des vergangenen Jahrhunderts jährlich etwa die Hälfte der Biokapazität des

Planeten genutzt, sogar etwas weniger. Unsere Kinder, die zur Jahrtausendwende geboren wurden[27], hatten dagegen einen ganz anderen Start. Im Jahr 2000 war die Biokapazität des Planeten insgesamt bereits übernutzt. Im Jahr 2005 benötigten wir jedes Jahr 1,4 Erden. Und wenn unsere Kinder selber um die 50 sein werden, würde die Menschheit, folgt man den moderaten Voraussagen der Vereinten Nationen über die Bevölkerungsentwicklung und den wachsenden Ressourcenbedarf, das Doppelte der ökologischen Kapazität des Planeten nutzen. Klingt absurd, ist wahrscheinlich physisch unmöglich, aber das wären die Konsequenzen, wenn man die moderaten Voraussagen der Vereinten Nationen ernst nähme. Für Kohlendioxid gibt es mittlerweile einige Reduktionsziele – die freilich kaum befolgt werden –, für alle anderen Ressourcen hingegen nicht. Im Gegenteil, die entsprechenden Kurven zeigen für die Zukunft alle nach oben. Das gilt insbesondere für die globale Bevölkerungsentwicklung.

Hätte man einen Menschen vor 2 000 Jahren gefragt: Wie wird die Welt in 50 Jahren aussehen? Die Antwort wäre ihm leicht gefallen: So wie heute, hätte er gesagt. Die allgemeine Geschwindigkeit, etwa in der Bevölkerungsentwicklung, der technischen Innovationen oder der Kommunikation, war so gering, dass er sie wohl gar nicht gespürt hat. Herrscher kamen und gingen. Die Herausforderungen der Natur, Dürren oder Überflutungen, wurden hingenommen. Was also hätte sich über die nächsten 50 Jahre grundlegend ändern sollen?[28]

Über die nächsten 50 Jahre stellen sich eine Reihe existenzieller Fragen. Was sind die Konsequenzen, falls die Weltbevölkerung sich von rund sieben Milliarden Menschen in Richtung auf neun bis zehn Milliarden bewegt? Was, falls sie es nicht schafft und es vorher zu Engpässen kommt? Heute leben etwa eine Milliarde Menschen auf dem Konsumniveau der Industriestaaten.

Bevölkerungsstarke Schwellenländer wie China, Indien, Brasilien oder Indonesien befinden sich in einer gewaltigen Aufholjagd. Im Jahr 2050 sollen mindestens zwei Milliarden Menschen zur konsumstarken globalen Mittelschicht gehören – ein „unmöglicher Trend". Das fossile Energiezeitalter wird in irgendeiner Weise zu Ende gehen. Und schon weit davor wird es schrumpfen. Ob wir wollen oder nicht. Teils, weil die Lagerstätten leer laufen oder es schlicht zu energieintensiv wird, den Rest aus dem Boden zu pumpen (Das gilt sicher für Öl und Gas, die Kohlevorräte halten dagegen noch etwas länger.), teils, so hoffen wir, aus Rücksicht auf die Klimaveränderungen. Wenn der Footprint uns nun sagt, dass die biologischen Kapazitäten des Planeten bereits überlastet sind, ist klar: Einfache Antworten wird es nicht geben.

Die Stärke des Footprint, und das wird angesichts der komplizierten Situation heute besonders deutlich, besteht darin, Orientierung zu geben. Vor allem weil er nur mit Fakten arbeitet. Die ökologische Buchführung ist die Grundlage der Methode und ihre zentrale Aufgabe. Dazu gehört auch, die Grenzen der natürlichen Systeme zu beschreiben und mit Zahlen zu belegen. Wenn Simon Upton, der frühere Wissenschafts- und Umweltminister Neuseelands, Vorträge zum Footprint hält, sagt er: „Nur eines wissen wir mit Bestimmtheit über den Footprint: Die Resultate sind falsch ... aber es sind die besten, die wir bis heute haben. Und das ist viel besser, als keine Resultate zu haben. Wenn ihr verlässlichere wollt, macht mit, findet genauere Daten. Greift der Methode unter die Arme. Oder produziert selber etwas Besseres."

Im Grunde weiß jeder, dass wir auf einem endlichen Planeten nicht unendlich viele Ressourcen zur Verfügung haben. Aber wir ziehen daraus keine Konsequenzen. Der Footprint hilft als Kommunikationsinstrument und zeigt: Es lohnt, sich auf eine ressourcenlimitierte Welt vorzubereiten. Es macht durchaus Sinn, zum

Pionier zu werden, der die möglichen Schocks besser bewältigen kann. Daher ist der Footprint nicht nur ein „Thermometer“, er ist zugleich anwendungs- und handlungsorientiert. Er bildet die Grundlage für Hinweise und zeigt Wege auf, wie ein gutes Leben innerhalb der biologischen Kapazität möglich ist. Er fördert unsere Kreativität. Er testet, ob unsere Nachhaltigkeitsideen mit unseren Zielen zusammenpassen.

Natürlich kann der Footprint nicht sämtliche Fragen beantworten. Die ökologische Tragfähigkeit zu bestimmen, ist keine hinreichende Bedingung für eine nachhaltige Zukunft. Aber eine notwendige.

Wir haben nur diesen einen Planeten. Die Erde betrügt uns nicht. Wenn es ihr gut geht, tut sie nicht so, als ginge es ihr schlecht. Wenn es ihr aber schlecht geht, hilft auch kein Zureden mehr. Die Menschen müssen ihren Footprint dem Biotop, in dem sie leben, anpassen. Mit der Natur führt man keine Konsensgespräche.

Sagen was ist, das kann der Footprint derzeit am besten auf der Ebene der Nationalstaaten. Entscheidend ist dabei die Qualität der Daten. Auf Länderebene liegen zum Beispiel komplette Handelsstatistiken vor. Zum Footprint eines Landes werden alle Importe addiert, die Exporte werden subtrahiert. Damit lässt sich der Austausch von biologischer Kapazität nachvollziehen.

Auf nationaler Ebene ergibt sich somit ein sehr klares Bild von Angebot (der biologischen Kapazität des jeweiligen Landes) und Nachfrage (dem Footprint der Bevölkerung). Die Angaben sind in globalen Hektar gehalten, der zentralen Maßeinheit des Footprint.

Die Methode im Einzelnen.[29] Der Footprint eines Landes (*National Footprint Account*) hängt ab von der Größe der Bevölkerung, der Menge dessen, was von einem durchschnittlichen Bewohner konsumiert wird und der Ressourcenintensität, mit der die Güter und Dienstleistungen hergestellt werden, also unter anderem wie sauber die Technik ist. Eingeschlossen in die Berechnungen ist ebenfalls die Fläche, die notwendig ist, um den Konsum der Menschen zu befriedigen, den sie aus dem Ackerbau beziehen (Nahrungsmittel, Fasern, Papier oder Speiseöl). Hinzu kommen Weideflächen (Tierfutter, Leder, Wolle und Milch), außerdem Fischgründe (Fisch und Meerestiere) und schließlich Wald (Holz, Holzfasern, Zellstoff und Feuerholz). Schließlich ein Teil der Fläche des Territoriums, der benötigt wird, um das Kohlendioxid zu binden; die Ozeane absorbieren allerdings auch einen Teil, dieser Aspekt wird in den Berechnungen berücksichtigt. Schließlich enthalten die *National Footprint Accounts* noch Areale, die von Straßen, Gebäuden und deren Gärten belegt sind, einschließlich der Infrastruktur von Wasserkraftanlagen. Das ist die Nachfrageseite.

Auf der anderen Seite steht die Biokapazität eines Landes. Sie wird aus den unterschiedlichen Landschaftstypen, die der Footprint kennt, ermittelt. Die Frage lautet: Wie viel Fläche, wie viel Hektar hat das Land X an Wald, an Acker- oder anderen Flächen? Diese Zahlen werden dann in globale Hektar umgerechnet. Zuerst indem sie mit einem Ertragsfaktor (der die relative Produktivität des Landes beschreibt, abhängig von den jeweiligen klimatischen, technischen und geologischen Bedingungen) multipliziert werden. In einem weiteren Schritt erfolgt dann noch die Multiplikation mit dem Equivalenzfaktor (der angibt, wie produktiv der entsprechende Landtyp im Vergleich zum Durchschnittsland ist). Daraus ergibt sich schließlich die Summe der Biokapazität. Wie alle wichtigen Zahlen, werden auch die des Naturkapitals eines Landes jährlich erhoben. Wie hoch der Ertrag ist, hängt auch davon ab, wie die Ökosysteme gemanagt, zum Beispiel gedüngt oder bewässert, werden, ob die Bodenqualität leidet und nicht zuletzt vom Wetter.

Nun kann man jährlich vergleichen: Wie groß ist der Footprint eines Landes? Und was steht dem als Naturkapital gegenüber? Bewegt sich das Land mit seinem Konsum innerhalb der eigenen Kapazitäten? Kann es sogar Biokapazität exportieren? Oder ist es auf mehr Importe angewiesen, als es exportieren kann? Oder gar darauf, seine Ökosysteme zu übernutzen? Damit wäre es ein ökologischer Schuldner.

Ein ökologischer Schuldner ist ein Land, dessen Bewohner mehr Ressourcen brauchen, als die Ökosysteme des Landes erneuern können. Umgekehrt sind ökologische Gläubiger Länder, die über mehr ökologische Kapazität verfügen, als deren Bewohner

Footprint, Biokapazität und globaler Overshoot

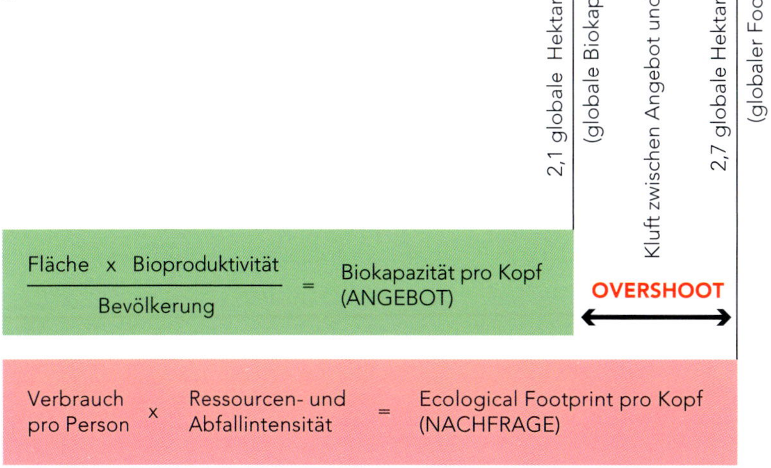

brauchen. Unter den industrialisierten Ländern sind Australien, Schweden, Finnland, Neuseeland und Kanada noch im Plus. Aber auch ein Großteil Lateinamerikas und viele Länder Afrikas sind unter den Gläubigern. Allerdings kaum ein Mittelmeeranrainer. Auch nicht Indien oder China.

Schuldnerländer nutzen mehrere Möglichkeiten, um ihren Konsum aufrecht zu erhalten. Entweder verbrauchen sie ihre eigene Biokapazität schneller, als sie regeneriert wird, sie haben die finanziellen Möglichkeiten, Ressourcen aus anderen Ländern zu importieren oder sie emittieren mehr Abfall, als sie auf ihrer eigenen Fläche absorbieren.

Kohlendioxid ist dafür ein gutes Beispiel; Industriestaaten schaufeln täglich ungeheure Mengen in die Atmosphäre. Sieht man von Abwasser und Erdbewegungen ab, machen Kohlendioxid-Emissionen gewichtsmäßig rund 80 Prozent des Abfalls von Industrieländern aus.[30] Selbst die weitläufigen USA benötigen für ihren Konsum zweimal mehr Biokapazität, als sie selbst in ihrem Territorium zur Verfügung haben. In einigen Ländern Afrikas dagegen, wie Tansania oder Malawi, ist der Anteil des Kohlendioxids im Footprint-Diagramm kaum sichtbar.

Länder, die mit natürlichem Kapital gesegnet sind, wie Brasilien, Neuseeland oder einige Länder Afrikas, sind nicht automatisch auf der Gewinnerseite. Dazu nämlich müssen die Ökosysteme auch pfleglich behandelt werden. Und die Bevölkerung muss vom Naturreichtum ihres Landes profitieren. Die Geschichte zeigt aber, dass manchmal das Gegenteil der Fall ist.[31] Besonders konzentrierte Ressourcen können zu Konflikten führen und andere Wirtschaftsektoren im Land schwächen. Aber Ressourcen werden wichtiger: Anfang der 1960er lebten in Ländern, die ökologische Gläubiger waren, noch mehr als 60 Prozent der Weltbevölkerung, heute sind es nur noch 20 Prozent.

Ökologische Schuldner und Gläubiger 1961 und 2005

Fußabdruck relativ zur Biokapazität

- über 150% größer
- 100-150% größer
- 50-100% größer
- 0-50% größer

Biokapazität relativ zum Fußabdruck

- 0-50% größer
- 50-100% größer
- 100-150% größer
- über 150% größer
- unsichere Datenlage

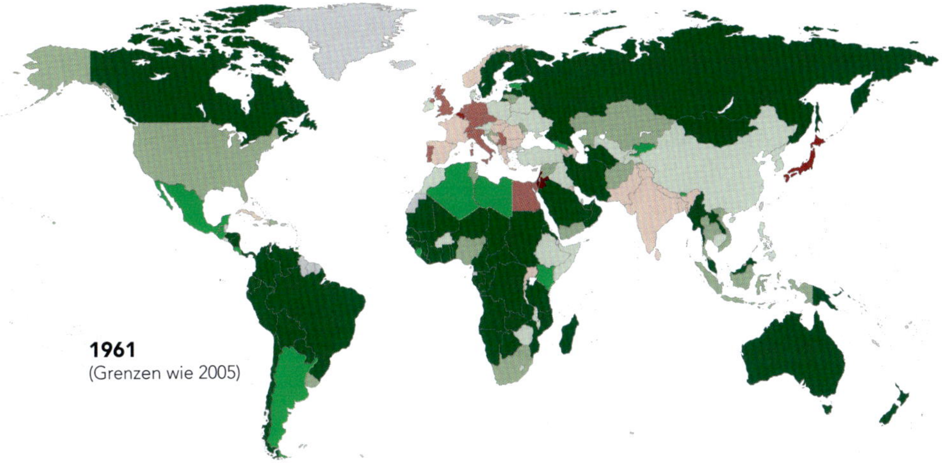

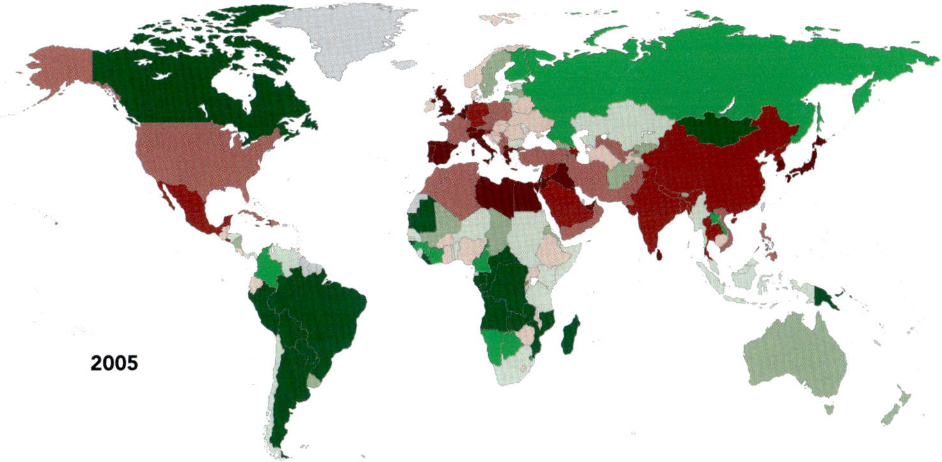

Bildet man nun die Summe aus allen *National Footprint Accounts*[32], ergeben sich aufschlussreiche Zahlen. Der Planet verfügt insgesamt über 13,6 Milliarden Hektar an produktiver Fläche. Demgegenüber steht eine Nachfrage von 17,5 Milliarden Hektar im Jahr 2005. Die Differenz betrug annähernd 29 Prozent. Die Erde befindet sich damit im Zustand des Overshoot. Ins Deutsche übertragen bedeutet das Wort so viel wie „Grenzüberziehung". Ökologen sprechen auch vom „Überschießen der Tragfähigkeit". Die prägnanteste Definition von Overshoot lautet: Ressourcen werden schneller verbraucht, als sie sich erneuern. Das System von Bestand und Entnahme (*stocks and flows*) ist damit gestört. Unterdessen vergrößert sich der Fehlbetrag immer mehr. Mittlerweile entspricht die globale ökologische Schuld, also das akkumulierte Defizit, das sich seit 1987, dem ersten Jahr des Overshoot, angesammelt hat, vier Planetenjahre. Das bedeutet, dass der Planet vier Jahre benötigen würde, um den Schuldenberg abzutragen, vorausgesetzt, die zerstörerischen Prozesse wären rückgängig zu machen. In dieser Zeit dürften die Menschen aber auch nichts ernten. Tatsächlich wächst der Schuldenberg weiter.

Beispiel Spanien, eine der Erfolgsgeschichten in der Europäischen Union. In den vergangenen 40 Jahren ist die Zahl der Einwohner des Landes weitgehend konstant geblieben. Im selben Zeitraum hat die Ökonomie aber deutlich zugelegt, dabei wurden natürlich mehr Ressourcen und Energie verbraucht. Mittlerweile ist der Footprint des Landes ungefähr drei Mal größer als die eigene ökologische Kapazität. Offensichtlich funktioniert das. Spanien ist reich genug, um Ressourcen zu importieren und emittiert auch beträchtliche Mengen Kohlendioxid in die Atmosphäre (statt sie mit eigenen Ökosystemen zu absorbieren).

Ein Gegenbeispiel ist Nordkorea. Nach dem Kollaps der Sowjetunion hatte das Land weder Öl noch Kohle mehr von dort erhalten. Zudem konnte China weniger Reis liefern. Weniger Öl bedeutet sinkende Biokapazität: Die Nordkoreaner hatten weniger Dünger, konnten ihre Traktoren nicht mehr betanken und nicht mehr ausreichend Lebensmittel produzieren. In der Folge sind viele Menschen verhungert, möglicherweise zwei Millionen. Ein Grund dafür war wohl auch die ineffektive Organisation des Landes. In erster Linie aber ging es um ökologische Grenzen. Ohne andere Importquellen und ohne genügend lokale Ressourcen war einfach nicht genug vorhanden.

Wie Nordkorea ist die Welt als Ganzes vom Außenhandel abgeschnitten. Die Menschheit muss sich mit der Biokapazität der Erde begnügen. So wie Nordkorea nicht mit anderen Ländern gehandelt hat, können wir auch nicht mit anderen Planeten Handel treiben. Nordkorea ist ein Beispiel dafür, wie sich Knappheiten direkt auf die Lebensqualität der Menschen auswirken.

Die Übernutzung von Ökosystemen ist in keiner Weise neu. Das erste Zeugnis von der Zerstörung eines Ökosystems haben wir von den Sumerern, beginnend etwa 2400 vor Christus.[33] Aufgrund der geologischen Gegebenheiten des Tals zwischen Euphrat und Tigris war die Lebensmittelproduktion dort immer mit besonderen Schwierigkeiten verbunden. Im Frühjahr führen die beiden Flüsse, bedingt durch die Eisschmelze, große Mengen Wasser, zwischen August und Oktober sind sie lediglich kleine Rinnsale. Das aber ist die Zeit, in der die Landwirtschaft dringend Wasser benötigt. Die Sumerer waren klug und entwickelten Techniken, um Wasser zu speichern und es für den Getreideanbau zu nutzen – eines der ersten künstlichen Bewässerungssysteme der Welt. Die Produktivität in den Ökosystemen stieg, der Ertrag an Getreide ebenso. Nur so konnte sich eine der frühesten Hochkulturen überhaupt entwickeln.

In diesen Breiten ist es im Sommer sehr heiß, um die 40° Celsius. Das Wasser in den Gräben und auf den Feldern verdunstet schnell. Zurück bleibt Salz, das ursprünglich im Wasser gelöst war. Ab dem Jahr 2000 vor unserer Zeitrechnung häuften sich Berichte, wonach „die Erde weiß wurde". Die Folge war ein schwerer Einbruch der Getreideproduktion, ausgelöst durch eine Versalzung der Böden. Übrigens, eines der Hauptprobleme der künstlichen Bewässerung bis heute.

Bereits in diesem frühen Beispiel der Sumerer zeigen sich die charakteristischen Merkmale von Overshoot.[34] Zum einen findet Wachstum statt und Entwicklungen beschleunigen sich (Die künstliche Bewässerung steigerte die Produktivität des Ökosystems der Sumerer). Zweitens, es wird eine Grenze überschritten, wodurch das System entscheidend gestört wird (Ab einem bestimmten Grad der Versalzung des Bodens reagierten die Pflanzen negativ, die Erträge sanken). Drittens, der Prozess ist verbunden mit einer fehlerhaften Wahrnehmung oder zu spät eingetretenen Rückkopplung, so dass der Fehler nicht mehr korrigiert werden kann; anders formuliert: Lernprozesse setzen zu spät ein (Die Sumerer hatten keine Chance, das Phänomen der Versalzung war noch unbekannt).

Daraus wird deutlich, dass Overshoot in aller Regel nicht beabsichtigt ist. Für die Handelnden ist es zunächst nur ein unangenehmer Nebeneffekt. Und fast immer findet er schleichend statt. Das macht ihn so gefährlich.

Das Schicksal der Sumerer, ihres unbeabsichtigten Missmanagements und der Überbeanspruchung von Ökosystemen, hat sich seitdem unzählige Male an anderen Orten in unterschiedlichen Kulturen wiederholt. Sei es in biblischen Zeiten bei der Zerstörung der Wälder auf den Hügeln des Libanon oder bei der großflächigen Erosion rings um das Mittelmeer durch die Römer, heutzutage ist etwa die Hälfte der Korallenriffe in den Weltmeeren gefährdet. Ökosysteme sind empfindlich, geraten sie aus der Balance, ist der Kollaps oft nicht mehr weit.

Heute ist jedoch das Ausmaß der Situation weitaus besorgniserregender. Wir haben es nicht mehr ausschließlich mit regionalen Formen der Degradierung von Ökosystemen zu tun, die Überbeanspruchung hat vielmehr den gesamten Planeten erfasst. Das Klimaproblem, als Folge eines jahrzehntelangen weltweiten Raubbaus, ist vielleicht der klarste Ausdruck dessen.

Mit Hilfe der *National Footprint Accounts*[35] kann man belegen, wann die Menschheit insgesamt in den Zustand des Overshoot eingetreten ist, wann der globale Footprint größer wurde als die Biokapazität der Erde, nämlich Mitte der 1980er Jahre.[36] Spätestens zu diesem Zeitpunkt, denn der Footprint rechnet eher konservativ. Dass dieses historische Datum in eine Phase nie gekannten materiellen Wachstums fiel, ist sicher kein Zufall.[37]

Mitte der 1980er Jahre trat die Erde als Ganzes in den Zustand von Overshoot ein.

in Anzahl Planeten Erde

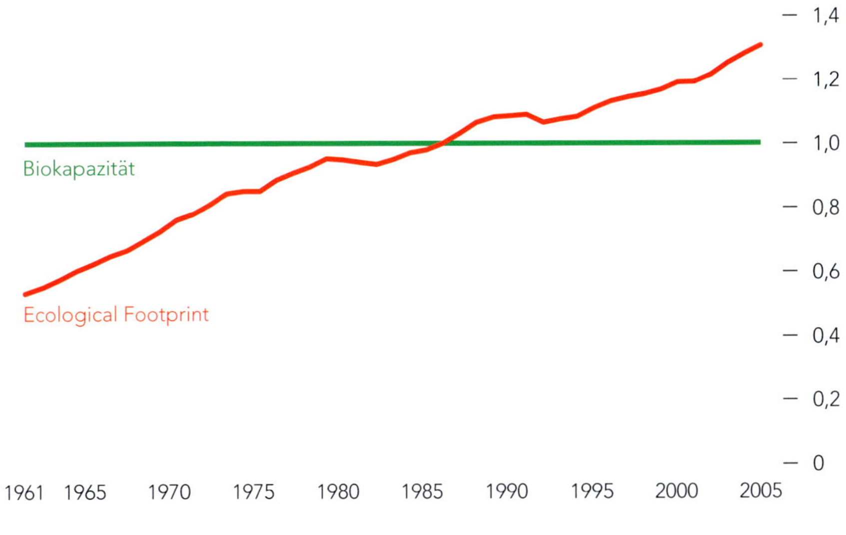

Nimmt man eine andere Perspektive ein und legt eine Abschätzung der Biokapazität Jahr für Jahr zugrunde, erhält man ein symbolisches Datum, den Öko-Schulden-Tag (*Earth Overshoot Day*). Im Jahr 2009 war es der 25. September.[38] Vom 1. Januar 2009 bis zu diesem Tag hatte die Menschheit bereits soviel von der Natur genutzt, wie die Erde uns über das ganze Jahr 2009 bereitstellen konnte: Nahrungsmittel, Energie, Baumaterial, außerdem musste sie noch unsere Abfälle aufnehmen, feste, flüssige, gasförmige. Seit diesem Tag und für den Rest des Jahres lebte die Menschheit von ihrer ökologischen Kreditkarte. Die Senken der Ökosysteme werden gefüllt, ihre Bestände abgebaut.

Das kann eine Weile funktionieren. Wenn man auf diesem Weg aber weiter geht, klaffen Einnahmen und Ausgaben immer weiter auseinander. Eine Trendumkehr ist einstweilen nicht in Sicht. Im Gegenteil, der Öko-Schulden-Tag rückte seit 1987 im Kalender in der Regel weiter nach vorne. Im Jahr 2008 war es der 23. September, 2007 der 6. Oktober.

Die Höhe der ökologischen Schulden ist ein Hinweis auf das Risiko, das ein Gemeinwesen trägt. Aber anders als Finanzkapital, das in beliebigen Formen – zum Beispiel Bargeld, Aktien oder Schuldverschreibungen – miteinander verglichen und ausgetauscht werden kann, ist das Naturkapital nicht einfach verschiebbar. Die Überbeanspruchung der Fischgründe kann nicht durch Zugabe von Biomasse aus Wäldern ausgeglichen werden. Oft stehen die verschiedenen Nutzungen sogar in Konkurrenz zueinander. Wenn in Brasilien der Regenwald zu Gunsten von Zuckerrohrplantagen gerodet wird, um Agrartreibstoffe zu produzieren, gibt es weniger Bäume, um Kohlendioxid abzubauen. Wenn Fischgründe kollabieren, entsteht ein größerer ökologischer Druck auf Weideflächen, um tierisches Protein an Land zu produzieren. Auch in dieser Hinsicht ist der Footprint bewusst konservativ modelliert.

Um den Indikator klug einsetzen und seine Zahlen richtig lesen zu können, muss man seine Logik verstehen, auch, wie er gewichtet.

Dazu zählt die bereits erwähnte anthropozentrische Ausrichtung der Methode. Der Footprint fragt nicht nach den erneuerbaren natürlichen Ressourcen an sich, sondern stets: Welche Naturreichtümer werden von *Menschen* genutzt? Damit stellt er freilich nicht den Wert der Natur an sich in Frage – sein Fokus ist lediglich ein anderer.

Im Verlauf der Geschichte ist der Mensch immer weiter in die Natur vorgedrungen, hat sie gleichsam kolonisiert und für seine Zwecke zugerichtet. Die entscheidenden Flächenverluste der Natur finden derzeit in den Tropen und Subtropen statt. Vor allem in Südamerika werden unvorstellbar große Flächen gerodet. Allein in Brasilien gehen jährlich eineinhalb bis drei Millionen Hektar Tropenwald verloren.[39] Allgemein gilt: Je größer der globale Footprint, desto mehr Fläche beansprucht der Mensch für sich, und desto weniger bleibt für wilde Tiere und Pflanzen. So leidet die Artenvielfalt. Deshalb stellt sich die Frage: Wie weit kann, wie weit soll der Mensch gehen?

Nach dem Living Planet Index[40] ist die durchschnittliche Population von wild lebenden Wirbeltieren in den vergangenen 35 Jahren um fast 30 Prozent zurückgegangen. Selbst ein bescheidenes Ziel, nämlich den Rückgang der Artenvielfalt zu verlangsamen, scheint derzeit eher unwahrscheinlich. Der Footprint selber führt über die Anzahl der Tier- und Pflanzenarten nicht Buch – diesen Teil der Wirklichkeit hat der Indikator nicht auf dem Radar. Bei einem Wald zum Beispiel fokussiert er auf den jeweiligen Bestand an Biokapazität: Wie viel Biomasse wächst nach? Wie viel wird von Menschen genutzt? Ob es sich dabei um einen Mischwald handelt oder eine Monokultur – das geht nicht in die Footprint-Zahlen ein.

Vor über 20 Jahren hat sich in der internationalen Diskussion zum Thema Artenvielfalt ein praktisches Ziel durchgesetzt, wonach etwa zehn Prozent jedes Biotops auf der Erdoberfläche unter Schutz gestellt werden sollten.[41] Das ist mittlerweile erreicht, aber es reicht nicht aus, um den Artenschwund zu stoppen. Wahrscheinlich verlieren wir weitere schöne Vögel oder Primaten oder gar das Nashorn. Trotzdem wird der Mensch, die flexibelste und vielleicht erfolgreichste Art auf diesem Planeten, in einem verarmten Biotop mit künstlichen, intensiv genutzten Kulturlandschaften überleben. Keine schöne Vorstellung, aber auch keine unwahrscheinliche.

Wollte man das massenhafte Artensterben, wie es derzeit vonstatten geht, tatsächlich aufhalten, müsste man Teile der vom Menschen genutzten Flächen an die Natur zurückgeben. Dabei kommt es nicht allein auf die Größe der Gebiete an, man müsste darüber hinaus die wertvollen Regionen in besonderem Maße schützen. Die Geographie des Artenreichtums ist global wie regional gut bekannt.[42] Die *hot spots*, um die es vorrangig gehen müsste, liegen in Mittelamerika und im westlichen Amazonien, im Kapland von Südafrika, in den Bergen und den Ebenen von Ostafrika. Ebenso in der Küsten- und Inselwelt der mediterranen Regionen in Südwestchina und den angrenzenden Gebieten von Burma bis Vietnam sowie in Indonesien und Neuguinea. Große Teile von Madagaskar gehören ebenfalls zu diesen wertvollen Gebieten wie auch zahlreiche Inseln im Pazifischen und Indischen Ozean. Angesichts einer weiter steigenden Weltbevölkerung und ihrem Flächenhunger ist dies eine echte Herausforderung. Die Lage ist aber nicht vollkommen hoffnungslos, oft haben sich an Orten, wo es niemand erwartet hätte, artenreiche Biotope entwickelt: vor allem in den ökologischen Nischen der Großstädte.[43]

Die größte Herausforderung, vor der die Menschheit im 21.

Jahrhundert steht, lautet: Wie können wir, zusammen mit den anderen Arten, ein reiches und erfülltes Leben innerhalb der Kapazitäten dieses einen Planeten führen?

Der Footprint hat keine fertigen Antworten bei der Hand. Wie alle Indikatoren folgt er einer bestimmten Logik. Manche Dinge erfasst er deutlicher als andere. Den Wasserverbrauch, die biologische Vielfalt oder Schäden durch Umweltgifte berücksichtigt er beispielsweise nur indirekt. Und doch ist er einer der besten Indikatoren, die wir haben. Weil er über die Klimaproblematik – so wichtig sie ist! – hinausgeht. Weil er auf den besten verfügbaren Daten von mehr als 150 Staaten aufbaut. Nicht zuletzt, weil er die ökologischen Grenzen des Planeten nicht nur beschreiben, sondern auch quantifizieren kann.

Die Erkenntnis, dass wir über unsere Verhältnisse leben, ist nicht neu. Und jede Veränderung ist schmerzhaft. Doch je früher wir damit beginnen, desto mehr Zeit haben wir, die notwendigen Anpassungen vorzunehmen. Je länger wir aber warten, desto schwieriger wird es, die globale Entwicklung zu stabilisieren. Aus Sicht des Footprint ergeben sich fünf Lösungsansätze, um aus der Falle des globalen Overshoot auszubrechen:

1 **Verkleinerung der Weltbevölkerung.** Das globale Bevölkerungswachstum kann reduziert und möglicherweise gar in Richtung einer schrumpfenden Bevölkerung gedreht werden. Dabei sind Investitionen in die Selbstbestimmung von Frauen wohl der wichtigste Ansatz, sowohl in reichen, vor allem aber in ärmeren Ländern: Förderung der Möglichkeiten, berufstätig zu sein, durch Zugang zu Familienplanung und Gesundheitsvorsorge; nur wenige Jahre Schulbildung haben schon viele positive Effekte. Die Anzahl der Kinder sinkt, die Ausbildungschancen der verbleibenden steigen. Außerdem

geht das Gewaltpotenzial zurück. Nachweislich sind in einer Gesellschaft mit vielen Jugendlichen – besonders jungen Männern – kriegerische Auseinandersetzungen relativ häufig. Wenn nun junge Frauen aus der Öffentlichkeit ferngehalten oder, aus Gründen der finanziellen Absicherung, vornehmlich mit älteren Männern verheiratet werden, bleiben relativ viele junge Männer zurück. Frustration entlädt sich dann leicht in gewaltsamen Aktionen. Frustrierte Jugendliche werden leicht als Soldaten rekrutiert. Investitionen in Frauen in der Entwicklungspolitik auf die Geschlechterfrage zu reduzieren, greift deshalb bei weitem zu kurz. Solche Investitionen helfen der Gesellschaft insgesamt.

2 **Reduzierung des Konsums von Gütern und Dienstleistungen pro Kopf.** Das Potenzial, um den Konsum pro Person zu reduzieren, hängt nicht zuletzt von deren Einkommen ab. Viele Menschen müssen ihren Konsum sogar steigern, um sich aus der extremen Armut zu befreien. Menschen mit hohem Einkommen dagegen können ihren Footprint verkleinern und zugleich ihre Lebensqualität verbessern, indem sie Waren und Dienstleistungen mit großem Footprint vermeiden.

3 **Verbesserung der Ressourceneffizienz, mit der Güter und Dienstleistungen produziert werden.** In den vergangenen 40 Jahren hat der technische Fortschritt die Ressourcenproduktivität in der Produktion deutlich erhöht. Ein Resultat ist, dass der durchschnittliche Footprint pro Kopf relativ stabil geblieben ist. Im Übrigen, die Steigerung der Ressourcenproduktivität – zum Beispiel durch effizientere Autos oder besser isolierte Häuser – führt ja nicht dazu, dass die Biokapazität wächst. Der Beitrag der Effizienz besteht vielmehr

darin, dass man aus einem gegebenen Stück Natur mehr Produkte und Dienstleistungen gewinnen kann. Unternehmen reagieren durchaus auf politische Signale, die sie dazu bewegen, ihre Ressourceneffizienz zu steigern, allerdings müssen die Maßnahmen klar und langfristig angelegt sein. Konsumenten können diesbezüglich Druck ausüben. Häufig beansprucht effiziente Technik in der Summe aber noch mehr Ressourcen, weil diese Technik damit nützlicher und ökonomischer wird und damit der Verbrauch schneller wächst, als die Technik die Umweltbelastung pro Einheit senkt – der so genannte Bumerangeffekt. Dem kann man nicht mit technischen, sondern nur mit politischen Mitteln, zum Beispiel der Begrenzung des Naturverbrauchs oder Ökosteuern, begegnen.[44]

4 **Vergrößerung der produktiven Flächen**. Degradierte Flächen wie Halbwüsten oder versalzene Böden können durch vorsichtige Maßnahmen durchaus wieder in Gebrauch genommen werden. Terrassenförmiger Landbau ist ein historischer Erfolg und Bewässerung kann die Produktivität von Böden durchaus steigern, obwohl die Gewinne nicht immer von Dauer sind. Vor allem aber muss ein kluges Land-Management sicherstellen, dass biologisch produktive Flächen nicht an Qualität verlieren und nicht schrumpfen, zum Beispiel durch Verstädterung, Versalzung der Böden oder Ausweitung von Wüsten.

5 **Die Steigerung der Produktivität pro Hektar** hängt von zwei Dingen ab: Wie das Ökosystem beschaffen ist und wie es gemanagt wird. Agrotechnik kann die Produktivität steigern und zugleich die Biodiversität senken. Durch energieintensive

Landwirtschaft, die außerdem noch stark auf Pestizide angewiesen ist, können Erträge durchaus gesteigert werden. Aber nur auf Kosten eines größeren Footprint, der durch diesen Input erzeugt wird. Im Ergebnis können Böden verarmen, Erträge sinken. Man kann jedoch die Biokapazität durch eine Reihe von Maßnahmen erhalten: indem man Böden vor Erosion und anderen Formen der Degradierung schützt. Außerdem gilt es, Flüsse, Feuchtgebiete und Wasserscheiden zu pflegen, um die Versorgung mit Wasser zu stabilisieren und so gesunde Wälder, Felder und Fischgründe zu erhalten. Ein vorsorgendes Landmanagement wird schließlich versuchen, die Auswirkungen der Klimaveränderungen zu minimieren, um die Ernten zu stabilisieren.

Der Footprint als Kompass – Wie viel Biokapazität braucht ein gutes Leben?

Wer viel Geld hat, kann sich auch viel Natur leisten. Kaufkraft und Footprint sind eng miteinander verknüpft. Beides aber ist auf diesem Planeten äußerst ungleich verteilt. Die industrialisierten Länder verbrauchen den Löwenanteil an natürlichen Ressourcen. Schwellenländer wie China oder Indien befinden sich in einer beispiellosen Aufholjagd. Ein weniger energie- und ressourcenintensiver Wirtschafts- und Lebensstil ist aber durchaus möglich, ohne dass die Lebensqualität darunter leiden muss. Die ärmeren Länder fallen unterdessen immer weiter zurück. Keine einfache Situation.

Globale Pendler sind die Nomaden unserer Zeit. Sie leben in den Korridoren, Wartezonen und Shopping-Malls der internationalen Flughäfen. Ihre Augen und Ohren sind Handys und Laptops. Ein Arbeiter, mit Familie in Schottland und einem Job auf einer Ölförderinsel vor der norwegischen Küste, pendelt jede Woche zwischen Glasgow und Bergen. Im Flugzeug begegnen ihm inzwischen viele bekannte Gesichter. Er verfügt über zwei Handys und zwei Geldbörsen, ein Set für jedes Land.

Eine englische Fernsehmoderatorin hat keine Lust mehr auf überfüllte U-Bahnen in London. Sie wohnt jetzt in Barcelona, nimmt, wenn immer möglich, den Billigflieger, lebt günstiger und angenehmer in Spanien.

Ein Rechtsanwalt für internationales Recht wohnt in San Francisco. Seine meisten Klienten hat er im asiatischen Raum, in Japan, Südkorea, zunehmend auch in China. Wenn er nicht alle ein oder zwei Wochen hinfliegt, erhält er bald keine Aufträge mehr.

Pro-Kopf-Footprint nach Regionen 1961

in globale Hektar pro Person

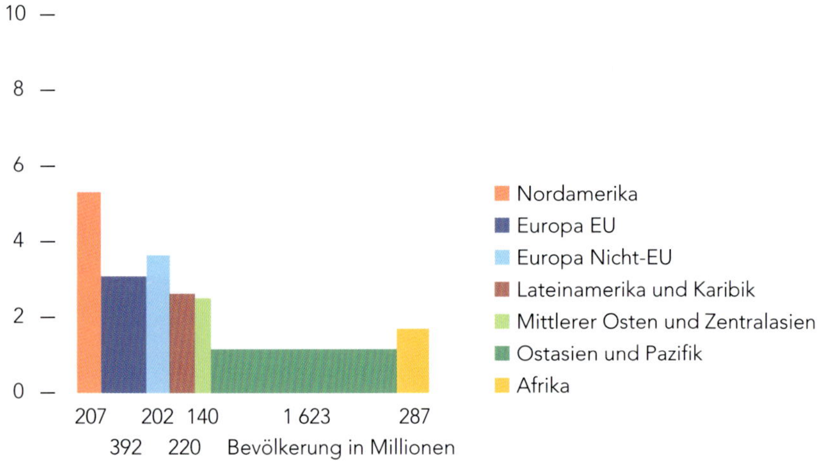

Pro-Kopf-Footprint nach Regionen 2005

in globale Hektar pro Person

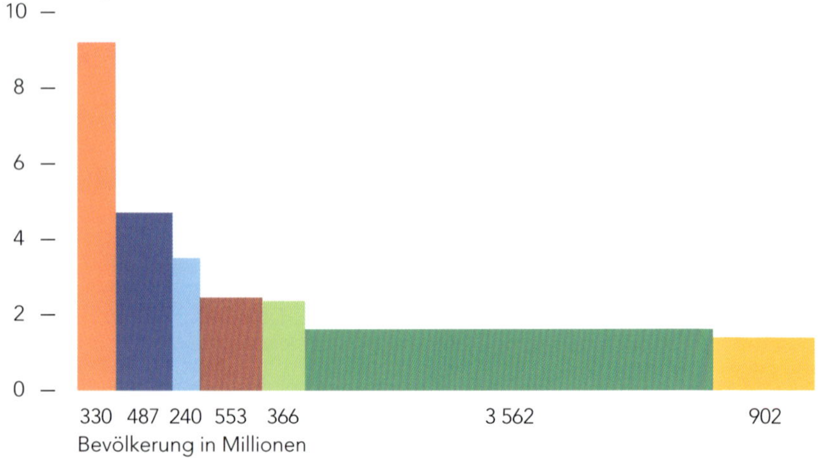

Biokapazität der Regionen 1961

in globale Hektar pro Person

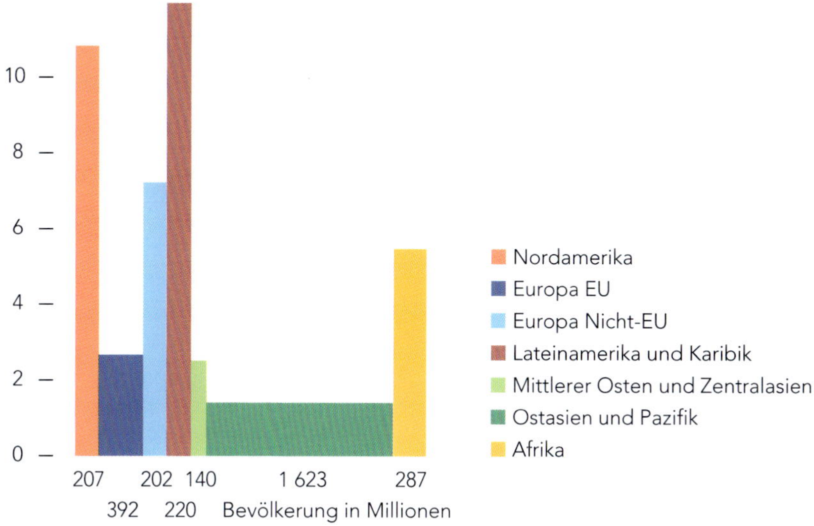

Biokapazität der Regionen 2005

in globale Hektar pro Person

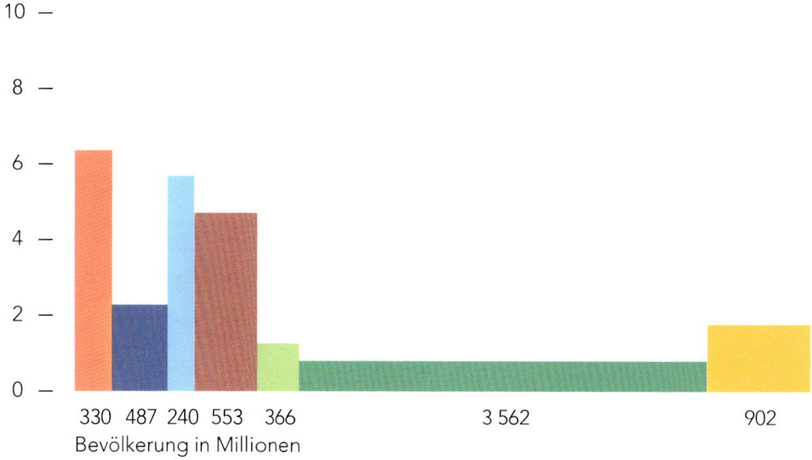

Im Internet tauschen die globalen Pendler (*global commuter*) ihre Erfahrungen aus. Sie chatten über Stress oder Nicht-Stress, darüber, was das schnelle Leben mit ihren Familien und Bindungen macht, über Arbeitsverträge, wie man die teuren Flüge zu Rushhour-Zeiten vermeidet, über Versicherungspolicen und was man zum täglichen Leben so braucht.

Wer wöchentlich pendelt, kommt auf vier Hin-und-Rückflüge pro Monat, das sind leicht 100 Flüge pro Jahr – und eine Menge Kerosin. Damit liegt der Energie-Footprint eines globalen Pendlers mindestens um den Faktor 10 über dem Durchschnitt. Ein historisches Grundmuster von Industriegesellschaften, nämlich die Steigerung des Energieverbrauchs, setzt sich fort.

Allgemein gilt, je höher das Einkommen, desto größer der Footprint und noch einmal größer der relative Anteil des Energie-Footprint. In Industriegesellschaften macht er etwa die Hälfte des individuellen Footprint aus, gleichzeitig sinkt der relative Anteil der Nahrungsmittel.[45]

Energie ist aber nicht alles. Schaut man sich die materielle Seite der europäischen Wirtschaft genauer an, ergibt sich folgendes Bild. Jeder Europäer verbraucht im Jahr rund 50 Tonnen an Naturmaterial, ohne Wasser.[46] Davon sind ein Großteil Erze und Baumineralien. Die Stoffe kommen zunehmend aus Gegenden außerhalb Europas. Gleichzeitig wächst der materielle Kapitalstock Europas kontinuierlich weiter. Häuser, Straßen, Flughäfen – jedes Jahr werden pro Kopf zehn Tonnen Material verbaut, dabei gehen wertvolle Flächen verloren.

Zwar kann man mittlerweile eine Entkoppelung von Wirtschaftswachstum einerseits und Ressourcen- und Energieverbrauch andererseits beobachten[47], trotzdem ist der Ressourcenverbrauch Europas – im Grunde aller industrialisierten Staaten – in keiner Weise nachhaltig. Das heißt, über längere Zeit nicht zu halten.

Die Wirtschaft leidet an Fettsucht. Ununterbrochen schlingt sie Öl, Kohle, Biomasse, Metalle und Mineralien in sich hinein. Sie nutzt sie aber nicht effizient, sondern speit einen großen Teil des Stoffstroms mehr oder weniger unverdaut wieder aus. Der gesamte Materialverbrauch der Europäischen Union (EU 25) beträgt etwa 22 Milliarden Tonnen pro Jahr.

Europa (EU 27) stellt rund 7,5 Prozent der Weltbevölkerung, nimmt aber 13 Prozent des globalen Footprint für sich in Anspruch. Dabei verfügt die EU lediglich über acht Prozent der globalen Biokapazität. Das heißt, der Bedarf der EU 27 ist etwa doppelt so groß, wie das eigene Angebot hergibt. Die Schweiz, Österreich und Deutschland können ihren eigenen Ressourcenbedarf nur beim Holz decken, in allen anderen Bereichen sind sie auf Importe angewiesen. Dänemark hat einen höheren Bedarf an (Futter-)Getreide, weil dort mehr Fleisch gegessen wird. Eines der Grundprobleme: Überall in Europa verharrt der Footprint auf hohem Niveau, obwohl er im Bereich des Ackerbaus deutlich kleiner geworden ist. Der Footprint eines durchschnittlichen Schweizers zum Beispiel beträgt 5,0 globale Hektar, damit liegt er leicht über dem europäischen Durchschnitt.

In der Liga der industrialisierten Staaten wiederum nehmen die Europäer einen Platz im Mittelfeld ein. Der Footprint eines durchschnittlichen US-Amerikaners ist mit 9,4 globalen Hektar etwa doppelt so groß. Wer jemals in den Vereinigten Staaten war, weiß auch warum: Alles ist irgendwie größer und weiter. Man denke an die nordamerikanischen Siedlungsformen mit unendlichen Vorstädten und freistehenden Häusern, Kilometer über Kilometer. Dieses „Drive-in-Utopia“ geht zurück auf den Traum vom Leben auf dem Land, freilich mit Autobahnauffahrt Richtung Stadt. Mit eigenem Haus, mit dem entsprechenden Fahrzeugpark, mit Flotten von gelben Schulbussen, die die Kinder aus einem riesigen Einzugsgebiet am Morgen einsammeln und abends wieder heimbringen. All das hat seinen Preis, nicht nur in Dollar, sondern auch in Footprint.

Wenn der US-Amerikaner rund doppelt so viel Biokapazität braucht wie der Europäer, führt er dann ein besseres Leben? Individuell ist das immer eine Frage des Geschmacks, der Kultur, der Gewohnheit und nicht zuletzt eine des Geldbeutels.[48]

Der Fleischkonsum ist nicht zu vernachlässigen. Weil die Tiere für jedes Kilogramm Fleisch, das sie ansetzen, ein Mehrfaches an Futter fressen. Übrigens, das Lebendgewicht aller Hausrinder allein – nicht der Schweine, Schafe, Ziegen oder Lachse – übertrifft das der sieben Milliarden Menschen auf der Erde um das Doppelte oder gar Dreifache![49]

Allgemein gilt, der individuelle Footprint eines Menschen in Industriegesellschaften hängt entscheidend davon ab, wie er wohnt, wie viel Energie zum Heizen oder Kühlen er benötigt und wie seine Mobilitätsgewohnheiten sind, wie er zur Arbeit kommt, wie viel er reist. Auch die Ernährung spielt eine Rolle. Ob er dann noch Joghurtbecher recycelt oder nicht – macht in der Summe kaum etwas aus.

Der Footprint ruft nicht zum Konsumverzicht auf, er ist keine ökologisch verbrämte Morallehre, schon gar nicht will er das Leben vermiesen. Im Gegenteil, es geht ihm um ein gutes und ein reiches Leben, innerhalb der Kapazitäten unseres Planeten. Aber dafür brauchen wir neue Ideen, wie ein gutes Leben aussieht und wie wir es zufriedenstellend gestalten wollen.

Der Footprint als Indikator zeigt deutliche Muster des individuellen Ressourcenverbrauchs in Industriegesellschaften. Wenn der durchschnittliche Europäer in seinem täglichen Leben etwa die Hälfte der Biokapazität des Amerikaners benötigt, dann auch deshalb, weil Siena zum Beispiel kompakter angelegt ist als Houston. Und damit weniger Verkehr nach sich zieht. Sei es in der Stadtplanung, in der Architektur, bei den Verkehrssystemen, in der industriellen Fertigung, auch in der Landwirtschaft – die Potenziale der Ressourceneinsparung in den Industriegesellschaften sind so gewaltig, dass ein reichhaltiges Leben mit kleinerem Fußabdruck durchaus möglich ist. Nicht nur möglich, es wird sogar notwendig sein. Wenn der durchschnittliche Europäer einen Footprint von 4,7 globalen Hektar hat, bedeutet das: Würden alle Menschen sich auf einem vergleichbaren Konsumniveau bewegen, bräuchten wir etwa drei Planeten. Bei einem US-amerikanischen Footprint von 9,4 globalen Hektar wären es sogar fünf.

Drehen wir die Frage einmal um: Wie viel Biokapazität stünde einem Menschen zur Verfügung, wenn wir innerhalb der Möglichkeiten der Erde blieben und wenn es eine gerechte Verteilung gäbe? Die Antwort: 2,1 globale Hektar. Tatsächlich sind es noch weniger, weil es neben Menschen, ihren Nutzpflanzen und Haustieren noch einige Millionen Arten gibt, die unser Leben erst möglich machen und die auch biologisch produktive Fläche benötigen.

Die Zahl von 2,1 globalen Hektar ist eine rechnerische Größe. Dahinter verbirgt sich kein „ökokommunistisches“ Postulat, wonach jeder Mensch dieselbe Zuteilung erhalten soll. Aber es ist eine wichtige Kennzahl, um die gewaltigen Herausforderungen der Zukunft besser verstehen zu können. Für Länder mit hohem Pro-Kopf-Footprint bedeutet die Zahl von 2,1 globalen Hektar im Kern, dass sie ihren Naturverbrauch erheblich zurückfahren müssen.

Allerdings, so lange Nachhaltigkeit sich für den einzelnen Akteur nicht lohnt, nicht in den wirtschaftlichen Rahmenbedingungen und den Preisen verankert ist, wird sie sich auch kaum durchsetzen. Welche Steuerungsinstrumente, fiskalischer oder politischer Natur, dazu beitragen können, eine nachhaltige Wirtschaftsweise zu befördern, dazu macht der Footprint keine direkten Aussagen. Er kann hier aber sehr wohl als Kompass dienen. Jahr für Jahr notiert er, wo wir stehen und welchen Kurs wir steuern.

Fledermausmenschen nennt man in Manila die armen Bewohner, die in den Slums des 15-Millionen-Molochs keinen Platz mehr gefunden haben.[50] So leben sie in Verschlägen, die unter den vielen Brücken der philippinischen Hauptstadt hängen. Oben, über der Betonfahrbahn, donnern Autos, Lastwagen und Busse dahin, unmittelbar darunter wohnen die Fledermausmenschen, 150 000 sollen es in der Stadt sein.

Die Eigenheime aus Bambuslatten und Kartonwänden sind sorgfältig gezimmert, der Fußboden besteht oft nur aus einer Gummimatte. Eine solche Wohnbox misst ein paar Meter in der Länge und Breite. Aufrecht stehen kann man darin nicht, so bewegen sich die Menschen kriechend in ihren Hütten. Meist sind es ganze Familien. In einer Ecke des Fußbodens befindet sich ein Loch. Es dient als Ausguss für die Küche, als Müllschlucker und Toilette, alles in einem.

Einige Meter darunter schleppt sich eine dunkle, ölige Brühe dahin. In diesem Fluss finden die Kinder prustend und planschend ihr Vergnügen und zugleich ein wenig Abkühlung von den tropischen Temperaturen. Häufig bekommen sie in dem schmutzigen Wasser jedoch entzündete Augen, Ohren und andere Krankheiten. Und für Medikamente ist kein Geld vorhanden.

Die Fledermausmenschen leben meist von kleinen Jobs, entladen Schiffe im Hafen, arbeiten auf dem Bau oder fahren klapprige Taxis, die in Manila *jeepnays* heißen. So kommen sie auch mal in die Büroviertel mit ihren Glastürmen und künstlichen Wasserfällen oder fahren an den Villendörfern der Reichen vorbei, die hinter Stacheldraht in klimatisierten Räumen leben.

Auch der Footprint von Fledermausmenschen lässt sich berechnen. Die Kinder laufen wohl mal an der viel befahrenen Straße, die über ihre Brücke führt, entlang zum nächsten McDonald's. Geld, das sie ausgeben könnten, haben sie nicht. So staunen sie nur. Das Baumaterial ihrer Behausungen besteht im Grunde aus Müll, kein Baugrundstück, keine Fläche. Der allergrößte Teil ihrer Ausgaben, ökonomisch wie ökologisch, geht für Nahrungsmittel drauf. In jedem Fall liegt der persönliche Footprint der Fledermausmenschen weit unter dem philippinischen Durchschnitt. Und der beträgt 0,9 globale Hektar, ein Zehntel des amerikanischen, ein Fünftel des europäischen Werts.

Manila ist arm und reich zugleich, wie alle Metropolen auf der Welt und damit auch in Afrika oder Asien. Millionen Landbewohner zieht es jedes Jahr dorthin. Sei es aus Not, aber auch aus Hoffnung. Und fragt man sich, wo die zwei oder drei Milliarden Menschen, die bis 2050 zur Weltbevölkerung hinzukommen, zumeist leben werden, ist bereits heute klar: in den Megacitys in Asien, Afrika und Lateinamerika. Die allermeisten werden unter menschenunwürdigen Bedingungen in Slums vegetieren, Wasser- und Stromversorgung bleiben ein ferner Traum. Aber viele werden es auch schaffen, sich eine eigene kleine Existenz aufzubauen und ihren Kindern eine Ausbildung zukommen zu lassen.

Im riesigen Asiatisch-Pazifischen Raum lebt derzeit rund die Hälfte der Menschheit. Der durchschnittliche Footprint in diesem Teil der Welt beträgt 1,6 globale Hektar. Damit liegt er zwar unterhalb der Kennzahl von 2,1 globalen Hektar, die jedem Menschen rechnerisch zur Verfügung stehen, aber die wirtschaftliche Entwicklung in Asien verläuft stürmisch. Und wenn viele Menschen ihre Ansprüche nur leicht nach oben schrauben, hat das in der Summe einen erheblichen Effekt.

China spielt dabei eine besondere Rolle.[51] Trotz der Ein-Kind-Politik ist die Bevölkerung in der jüngeren Geschichte merklich gewachsen (aber wesentlich langsamer als Indien und in Indien langsamer als in Mexiko), gleichzeitig aber ist auch der Footprint größer geworden. In Shanghai oder Beijing mag er ähnlich groß sein wie der Pro-Kopf-Verbrauch in Europa. Der chinesische Carbon-Footprint hat sich seit 1961 mehr als verzehnfacht und beträgt heute 1,1 globale Hektar; damit bewegt er sich in Richtung auf das Niveau des globalen Durchschnitts von 1,4 globalen Hektar. Dies ist ein starkes Indiz dafür, dass China längst kein reines Agrarland mehr ist. Der höhere Energieverbrauch hat auch entscheidend dazu beigetragen, dass China seit den 1970ern ins ökologische Defizit gerutscht und damit massiv auf Importe und Abfallsenken außerhalb Chinas angewiesen ist.

Explosives Wirtschaftswachstum, ein steiles Anwachsen des Carbon-Footprint und des gesamten Ressourcenverbrauchs, das gilt sowohl für China als auch für Indien. Beide Länder stellen derzeit rund zwei Fünftel der Weltbevölkerung, bald werden es noch mehr sein. Bereits heute sind sie ökonomische Schwergewichte. Und sie haben das Bestreben, über die nächsten Jahrzehnte ganz nach oben, in die Spitze der Weltökonomie, vorzudringen.

Ein Gedankenexperiment: China lebt den amerikanischen Traum.[52] Millionen Chinesen, insbesondere in den Boomregionen im Süden des Landes, führen heute bereits ein vergleichbares Leben wie Europäer oder Amerikaner. Sie fahren Autos, ihre Ernährung ist proteinreicher geworden, Computer und Handys gehören im Alltag dazu. Sie ziehen in neue Häuser in der Vorstadt. Nehmen wir mal an, dieser Lebensstil würde nicht nur für eine verschwindende Minderheit der chinesischen Bevölkerung gelten, wie heute, sondern für alle. Wenn alle Chinesen im Jahr 2050 lebten, wie die Amerikaner es heute tun, sähe das etwa so aus: Sie würden dann wesentlich mehr Fleisch essen und Bier trinken als heute. Getreideverbrauch und Fleischkonsum würden sich verdreifachen. Unter dieser Annahme würde China etwa zwei Drittel der Weltgetreideproduktion des Jahres 2004 benötigen und fast die gesamte Fleischproduktion.

Wenn der chinesische Stahlkonsum, der mit rund 300 Millionen Tonnen jährlich bereits ein Drittel der globalen Nachfrage ausmacht, in einer Pro-Kopf-Betrachtung das US-amerikanische Niveau erreichen würde, würde er den der gesamten industrialisierten Welt von heute übertreffen. Und wenn der gegenwärtige jährliche Papierverbrauch eines Chinesen von 30 Kilogramm auf den derzeitigen amerikanischen Pro-Kopf-Wert von etwa 300 Kilogramm emporschnellen würde, benötigte China jährlich das Doppelte der gegenwärtigen Papier-Weltproduktion. Wenn China schließlich beim Ölverbrauch, pro Kopf gerechnet, mit dem der USA gleichziehen wollte, würde deutlich mehr als das gesamte jährlich geförderte Erdöl benötigt. Mehr ist aber nicht vorhanden – die Fördermenge stößt schon heute an ihre Kapazitätsgrenzen. Kurz, wenn 1,3 Milliarden Chinesen versuchen würden, ihren derzeitigen Footprint von 2,1 globalen Hektar pro Kopf auf den US-amerikanischen Wert von 9,4 globale Hektar pro Kopf zu steigern – es würde einfach nicht funktionieren. Auch das europäische Niveau läge weit jenseits des Machbaren.

Wenn für die Industrieländer gilt, dass sie ihren großen Footprint auf Dauer nicht werden halten können, dann ist die Lage der Schwellenländer noch deutlich schwieriger. So, wie die Aufholjagd von China, Indien, Brasilien und Indonesien derzeit läuft, nämlich nach dem Vorbild der entwickelten Länder, kann sie nicht mehr lange weitergehen. Die beeindruckenden chinesischen und indischen Wachstumsraten werden einbrechen und der ressourcenintensive ökonomische Aufschwung führt zwangsläufig in Verteilungskämpfe und Ressourcenkriege. Eine echte Chance auf Entwicklung haben die Schwellenländer nur, wenn sie auf energie- und ressourcenextensive Wirtschaftsformen und Lebensstile setzen. Auch hier kann der Footprint als Wegweiser dienen.

Die **Bewohner von Sanaa**, der Hauptstadt des Jemen, haben ein Problem: Wasser. In der märchenhaften Altstadt mit ihren Lehmhäusern gibt es noch vereinzelte Brunnen. Die Älteren erinnern sich, wie sie daraus Wasser geschöpft haben. Ende der 1960er begann ein neues Zeitalter, die ersten Dieselpumpen kamen ins Land. Plötzlich gab es Wasser in Hülle und Fülle. Der Preis für diese Entwicklung freilich ist hoch. Der Grundwasserspiegel in Sanaa ist mittlerweile von ursprünglich etwa minus 40 Meter auf minus 800 bis 1 000 Meter gefallen. Und noch immer sinkt er im Sanaa-Becken um sechs bis acht Meter pro Jahr.

Wer reich ist in Sanaa, hat Zugang zur öffentlichen Wasserversorgung. Etwa zwei Mal die Woche rauscht es in der Leitung. Dann müssen die Tanks in den Häusern gefüllt werden, um die Zwischenzeiten zu überbrücken. Niemand weiß genau, wann es wieder etwas gibt. Die meisten Bewohner der Zwei-Millionen-Stadt allerdings sind auf Wassertanker angewiesen, Fahrzeuge, mit denen in anderen Ländern Heizöl ausgefahren wird, nur klappriger und bunter. Wasser, das wichtigste aller Lebensmittel, ist teuer im Jemen. Im Gegensatz zum reichen Nachbarn Saudi-Arabien zählt Jemen zu den Ländern mit dem niedrigsten Pro-Kopf-Einkommen der Welt.

Sanaa liegt relativ hoch, 2 200 Meter über dem Meeresspiegel. Drumherum: eine Geröllwüste, zerklüftetes Land, am Horizont Gebirgszüge. Und doch, fährt man aus der Stadt heraus, zeigt sich immer wieder Grün, meist Plantagen von jungen Bäumen. Hier wächst die Volksdroge Qat. Die Blätter des Baumes werden gekaut und als Kugel in eine Backe geschoben. Allein der Qat-Anbau im Jemen verschlingt Unmengen Wasser.

Man sieht es auf Satellitenaufnahmen des Sanaa-Beckens sehr deutlich: Die Qat-Felder, die Obst- und Gemüseplantagen rund um die Stadt saugen das Wasser ab. Grundsätzlich gilt: Alles, was nur ein wenig grün erscheint, lebt von der Bewässerung, von geborgtem Wasser. Die Dieselpumpen plündern Jahrtausende alte Vorräte im Boden. Längst hat ein Rennen unter den Bauern begonnen: Wer bohrt den tiefsten Brunnen? Wer hat die stärksten Pumpen? Immer wieder werden Kämpfe um Wasservorräte mit Kalaschnikows zwischen verschiedenen Grundeigentümern und Dörfern ausgetragen. Hin und wieder sieht man auch riesige Löcher in der Landschaft. Kleinbauern haben den Kampf verloren und verscherbeln, was ihnen geblieben ist, den nackten Boden.

Das Wasserproblem im Jemen ist ein typisches Overshoot-Phänomen. Als die Dieselpumpen aufkamen, förderte man einfach mehr Wasser, die Anbauflächen wurden beträchtlich erweitert. Und solange oben am Bohrloch noch etwas ankam, schien alles in Ordnung. Was darunter, in den Wasser leitenden Schichten, geschah, hat zunächst niemanden interessiert. Natürlich hatte niemand die Absicht, die natürlichen Systeme zu zerstören. Die heutige Knappheit ist die Folge eines ebenso klassischen wie verheerenden Nebeneffekts.

Sobald der Nachbar anfing zu pumpen, war die Konkurrenz eröffnet. Dem konnte sich niemand entziehen. So entstand eine Situation, die man in der Spieltheorie als Gefangenendilemma bezeichnet. Eine sinnvolle Lösung ist dann nur möglich, wenn die Beteiligten die Kraft aufbringen, sich aus der Konkurrenz zu befreien, sich in ihrem Verhalten abstimmen und zu einem Vertrag kommen. In diesem Fall hieße das, sich gemeinsam auf eine Obergrenze des Wasserverbrauchs zu verständigen und einen Verteilungsmodus für das verfügbare Wasser zu finden.

Die Wasserknappheit im Jemen wird sich verschärfen. Von offizieller Seite sind sogar schon Überlegungen angestellt worden, Sanaa, die Zwei-Millionen-Metropole, zu verlegen – bisher ohne greifbares Ergebnis. Hinzu kommt das rasche Bevölkerungswachstum. Bei heutigen Wachstumsraten verdoppelt sich die Bevölkerung Sanaas alle zehn Jahre, die des Jemen alle 20 Jahre. Und das bei einem – heutigen – durchschnittlichen Fußabdruck von 0,9 globalen Hektar pro Kopf. Eine Lösung ist derzeit nicht in Sicht.

Damit folgt der Jemen ziemlich genau dem Muster vieler Länder mit niedrigem Einkommen. Seit 1961 ist ihr durchschnittlicher Fußabdruck von 0,93 globalen Hektar leicht gestiegen, auf derzeit 1,0 globale Hektar. Gleichzeitig ist ihre Bevölkerung aber rasant gewachsen, sie hat sich fast verdreifacht. Das ist ein fast vertikales Wachstum. Insgesamt liegen Länder mit niedrigem Einkommen deutlich unter der Marke von 2,1 globalen Hektar, die das durchschnittliche Pro-Kopf-Angebot auf der Erde kennzeichnet. Aber der Jemen selbst verfügt nur über 0,6 globale Hektar pro Kopf an Biokapazität. Der Abstand zu hoch industrialisierten Ländern wird derweil immer größer. Im selben Zeitraum ist der Footprint von Ländern, die die Weltbank der hohen Einkommenskategorie zurechnet und die mittlerweile eine Milliarde Menschen beherbergen, von 3,45 auf 6,44 globale Hektar pro Kopf gestiegen. Dies bei geringerer Zunahme der Bevölkerung, nämlich um 40 Prozent.

Die Wasserkrise im Jemen ist weit fortgeschritten. In anderen Regionen freilich ist die Situation noch härter, sie sind aus der Phase des Overshoot bereits in die des ökologischen Bankrotts übergegangen. Was die Ökosysteme in Haiti zum Beispiel hervorbringen, reicht nicht mehr aus, um die heimische Bevölkerung zu ernähren. Gleichzeitig ist das Land zu arm, um die fehlenden Güter zu importieren, besonders bei steigenden Nahrungsmittelpreisen auf dem Weltmarkt. Das führt zu sozialen Konflikten und Bürgerkriegen. Ob die internationalen Zuwendungen nach dem jüngsten Erdbeben auf Dauer helfen werden, muss sich erweisen. Das Land bleibt von Importen abhängig. Ähnlich schwierig ist die Situation in Darfur und Ruanda. Regionen wie diese sind finanziell abgeschrieben und spielen an den Börsen der Welt keine Rolle. Aus diesem Grund liegen sie auch jenseits der Wahrnehmung der Medien und haben auf der Weltbühne kein Gewicht. Die Tragödien werden ausgeblendet. Die Ausnahme unter diesen Ländern ist wohl Pakistan, das unter ähnlich schwierigen Verhältnissen leidet, aber als Atommacht im Westen mehr Aufmerksamkeit erregt.

Jeder kennt den Spruch der Cree-Indianer: „Wenn der letzte Baum gefällt, der letzte Fisch gefangen, der letzte Fluss vergiftet ist, dann merken wir, dass Geld nicht essbar ist.“ Viele aber denken insgeheim: „Ja, schon, aber wer Geld hat, kauft den letzten Fisch.“ So zumindest ist das gegenwärtige System organisiert.

Footprint – Herausforderungen im 21. Jahrhundert

Overshoot beenden! – Kommunikation ist der Schlüssel

Wachsender globaler Overshoot ist aus Sicht des Footprint die zentrale Herausforderung des 21. Jahrhunderts. Der Footprint kann Overshoot adäquat beschreiben. Damit ist er Indikator und Managementwerkzeug zugleich. Er ermöglicht Kommunikation, wie man mit Overshoot verfahren kann – das ist der Schlüssel. Deshalb kommt er auch nicht mit einem fertigen Handlungskatalog. Mit seiner Hilfe kann es aber gelingen, Lösungsansätze in Richtung einer nachhaltigen Ökonomie zu entwickeln und ihren Fortgang zu beschreiben (Monitoring). Ziel des Footprint ist es, Overshoot zu beenden.

Jeder kennt das Bild von Tausenden abgeschlachteter Bisons in der Prärie. In der Geschichte Nordamerikas gibt es jedoch eine Tierart, die in weit größerem Ausmaß gejagt und schließlich sogar ausgerottet wurde: die Wandertaube. Das letzte wild lebende Exemplar wurde am 24. März 1900 abgeschossen und befindet sich heute ausgestopft in einem Museum in Columbia, Ohio.

Die Wandertaube[53] (englisch *passenger pigeon*) hatte eine rostrote Brust, einen weißen Bauch sowie einen blaugrauen Kopf und Rücken. Ihre wichtigsten Brutkolonien lagen in Neu England, New York, Ohio und den südlichen Teilen der Großen Seen. Oft holte man die tief fliegenden Vögel, auf einer Hügelkuppe stehend, einfach mit einem Knüppel oder mit Netzen aus der Luft: So dicht waren die Schwärme. Ein einziger Schuss tötete 30 bis

40 Vögel. Manche Brutplätze der Wandertaube waren acht Kilometer lang und 20 Kilometer breit, mit Dutzenden von Nestern in einem Baum, so dass viele Zweige, manchmal ganze Bäume, unter dieser Last zusammenbrachen. Wie viele Wandertauben einmal in Nordamerika lebten, lässt sich heute nur noch grob schätzen, etwa fünf Milliarden.

Innerhalb eines halben Jahrhunderts wurde die Wandertaube ausgerottet. Voraussetzung war ein massenhafter Absatz von billigem Fleisch. Moderne Technik, die Eisenbahn, machte es möglich. Seit den frühen 1850ern verband sie die Jagdgebiete rund um die Großen Seen mit New York und anderen großen Städten an der Ostküste, von der die Nachfrage kam. Wir verfügen heute über sehr genaue Aufzeichnungen dieses Geschäfts. An nur einem Tag (es war der 23. Juli 1860) wurden 235 200 Vögel in Grand Rapids in Michigan verladen. Oceana County, ebenfalls im Staat Michigan gelegen, lieferte im Jahr 1874 eine Million Tiere an die großen Märkte der Ostküste. Gegen Ende der 1880er waren die einst riesigen Schwärme der Wandertauben bereits deutlich gelichtet. Das letzte Exemplar starb schließlich 1914 in Gefangenschaft.

Warum hat man die Ausrottung der Wandertaube zugelassen? Warum wurde das Töten nicht eingestellt, als es sich immer weniger lohnte? Weil die Wandertauben niemandem gehörten. Weil die Kosten der Jagd nur gering waren – ein Pferd, ein Netz, ein Gewehr –, die Aussichten auf Gewinn aber groß. Und weil sich viele an der Jagd beteiligten und miteinander konkurrierten. In dieser Situation war es für den Einzelnen von Vorteil, mehr zu schießen als die anderen. Und je schneller die Population dezimiert wurde, desto größer wurde der Druck, noch mehr und noch schneller zu töten. Eine Zurückhaltung des Einzelnen hätte nur dazu geführt, dass die anderen zum Zuge gekommen wären.

Anderen Ökosystemen erging es nicht viel besser. Bis ins 20. Jahrhundert hinein galten die weiten Ozeane und ihre Fischpopulationen schlicht als unerschöpflich. Heute jagen auf hoher See riesige Fabrikschiffe. Sie finden die Fischgründe dank GPS mit hoher Präzision, orten die Fischschwärme mit Echolot und kesseln sie mit gewaltigen ringförmigen Netzen ein. Ganze Schwärme von Heringen, Makrelen oder Thunfischen werden an Bord gehievt, dort zerlegt und im bordeigenen Kühlhaus tiefgefroren. Solche High-tech-Fischzüge können Bestände, die jahrhundertelang traditionelle Fischerei verkraftet haben, binnen kürzester Zeit vernichten.

Trotz der permanenten technischen Aufrüstung der Fischfangflotten stagniert die Gesamtmenge des weltweit angelandeten Fischs seit Jahren. Die meisten Fischpopulationen sind bereits am Limit oder schon darüber hinaus. Immer wieder kommt es zum Kollaps, sei es in der Nordsee oder vor der kanadischen Atlantikküste. Im kalifornischen Monterrey war es die Sardinenfischerei – weltberühmt durch John Steinbecks Schilderung in seinem Roman *Cannery Row* –, die von heute auf morgen zusammenbrach.

Dasselbe Muster der rücksichtslosen Ausbeutung der Natur findet sich in der Geschichte der Jagd auf Pelztiere, auf Robben oder im Walfang. Immer wieder kam es zu Raubbau, zum Zusammenbruch der Populationen und zur Ausrottung ganzer Arten.[54]

All dies sind Beispiele von Overshoot: Biokapazität wird schneller vernichtet, als sie sich reproduzieren kann. Oft fällt in diesem Zusammenhang das Wort von der Tragödie der Allgemeingüter. *The Tragedy of the Commons* – so lautet auch der Titel eines Aufsatzes des Ökologen Garrett Hardin[55] aus dem Jahr 1968. Es ist der meistzitierte Artikel des renommierten Wissenschaftsjournals *Science Magazine*, aber auch einer, der häufig missverstanden wurde. Und das liegt wesentlich am unglücklich gewählten Titel. Hätte Hardin den Artikel *Tragedy of Open Resource Access* genannt oder vielleicht *Our Common Tragedy*, wären wir in der Diskussion möglicherweise um einiges weiter.

In seinem Aufsatz skizziert er folgende Situation: Eine große Weidefläche wird von mehreren Schafhirten bewirtschaftet. Jeder nutzt sie, so gut er kann, und bringt so viele Tiere wie möglich auf die Weide. Das geht eine Weile gut. Stammeskriege, Wilderei und Krankheiten halten die Zahl der Schafe gering. Schließlich aber ist die Grenze der natürlichen Kapazität der Weide erreicht. Jeder Schäfer fragt sich in dieser Situation mehr oder weniger explizit: Worin besteht der Nutzen für mich, wenn ich meiner Herde noch ein Tier hinzufüge? Die Antwort ist klar: Er hat einen zusätzlichen Gewinn. Die Folge aber ist Überweidung, also Overshoot. Und das trifft alle. Wenn die Nachteile sozialisiert werden, die Vorteile hingegen individualisiert, handelt der Schäfer nur rational, wenn er ein weiteres Schaf auf die Weide bringt, und noch eins, und noch eins… „Darin besteht die Tragödie“, sagt Hardin.

Die Lösung, die er anbietet, lautet: Gegenseitiger Zwang, gegenseitig vereinbart (*mutual coercion mutually agreed upon*). Im Fall der Weide hieße das, die Schafhirten verständigten sich auf eine Zugangsregel. Sie besteht im Kern darin, dass man eine Obergrenze der gemeinsamen Nutzung definiert und sich innerhalb dieses Rahmens einigt, wer wie viele Tiere auf die Fläche treibt. Etwa so: Jeder Dorfbewohner darf zwei Kühe auf die gemeinschaftliche Weide bringen, die dritte Kuh wird von der Gemeinde geschlachtet.

Eben dies ist auch die Regelung, wie sie sich bei der Allmende (gemeinsam genutztes Gemeindegut, landwirtschaftliche Flächen, Fischgründe etc.) historisch in vielen Fällen durchgesetzt hat.[56] Und dies ist auch die Logik, wie sie in den internationalen Verhandlungen zur Klimafrage verfolgt wird. *Cap and trade* bedeutet nichts anderes, als dass man eine allgemeine und verbindliche Obergrenze der Emission von Treibhausgasen vereinbart und einen Modus findet, wer welche Mengen emittieren darf und wie hoch die Kosten (oder Strafen) für diejenigen sind, die ihr Budget überschreiten.

Leider verläuft die Diskussion um die Nutzung der Allgemeingüter, sei es die Atmosphäre, seien es die Weltmeere oder Wälder, immer wieder frustrierend und am Ende ergebnislos. Der Grund dafür lässt sich exemplarisch auch bei Garrett Hardin zeigen. Seine Analyse ist richtig, die Formulierung, die er für die Überschrift seines Textes gewählt hat, lenkt die Diskussion jedoch in eine falsche Richtung. Denn die angesprochene Tragödie betrifft zwar die Allgemeingüter, aber der Grund dafür liegt sehr viel tiefer, nämlich im freien, besser: ungeregelten Zugang zu diesen Ressourcen. Also in der Art und Weise, wie die Allmende gemanagt (oder eben nicht gemanagt) wird. Jeder nimmt, was er will, niemand trägt die Verantwortung. Im Kern handelt es sich um eine Verteilungsfrage, und zwar eine, die ungenügend geregelt ist.

Der Footprint kann in diesem Zusammenhang als wichtiges Werkzeug dienen. Insbesondere, weil er Grenzen zieht. Nehmen wir ein beliebiges Ökosystem: einen Acker, eine Weide, einen Wald, die Biokapazität einzelner Länder, bis hin zur gesamten Biosphäre des Planeten. Der Footprint zeigt, bis wohin eine nachhaltige Bewirtschaftung möglich ist und von welchem Punkt an die Übernutzung beginnt.

Mögliche Strategien, die sich daraus ergeben, politische, wirtschaftliche oder gar militärische – dafür ist der Footprint nicht zuständig. Er ist lediglich ein Buchführungssystem. Einen Katalog von Lösungsansätzen hat er nicht im Angebot.

Wie soll mit den Allgemeingütern des Globus verfahren werden? Beispiel Klima: Die Nutzung der Atmosphäre als Müllkippe ist noch kostenlos. Staaten, die sich erfolgreich Klimaschutzregeln entziehen, gewinnen daraus einen wirtschaftlichen Vorteil. Ganz so, wie der Schafhirte in Hardins Beispiel: Er maximiert seine private Herde zu Lasten der Allgemeinheit. Bedingt auch durch eine falsch gesteuerte Globalisierung schwellen die Stoffströme auf dem Planeten weiter an. Gleichzeitig nehmen die lebensspendenden Ökosysteme, Wälder, Ozeane, Ackerflächen, schweren Schaden. Die Tragödie des freien Zugangs zu Ressourcen geht auf globaler Ebene weiter. Overshoot hat dabei viele Gesichter. Mal ist es eine Vogelart, die aus ihrem Biotop vertrieben, vielleicht sogar ausgerottet wird. Mal ist es ein ganzes Ökosystem, das Schaden nimmt, weil zu viel Biokapazität entnommen wird. Die Dinge verändern sich aber grundlegend, wenn die Biokapazität des gesamten Planeten übernutzt wird. Dann geht es endgültig an die Substanz. Der Footprint dokumentiert die Entwicklung genau.

Für Wohlhabende ist das Phänomen Overshoot oft nur ästhetisch erlebbar. Vom Flugzeug aus sehen wir, dass die Städte sich immer weiter ausdehnen: mehr Häuser, mehr Straßen, mehr Parkplätze. Früher benötigte man vielleicht eine halbe Stunde, um aus seiner Stadt hinauszuwandern und die Natur zu erleben, heute dauert es doppelt so lange. Dann setzt man sich schon eher ins Auto und fährt in den Wald, um zu joggen oder Fahrrad zu fahren.

Ähnlich im Tourismus: Wenn Regionen in der Welt verarmen, wenn die sozialen Spannungen wachsen, wenn sie unberechenbar und gefährlich werden, fahren Wohlhabende einfach nicht mehr dort hin. In der Regel ist der Verlust an Biokapazität nur für ärmere Menschen spürbar. In Kenia zum Beispiel oder in Teilen Indiens. Wenn das Wasser auf den Feldern versiegt, gibt es weniger zu essen. So lange dies nur ein lokales Phänomen ist, verliert die Region an Kaufkraft. Wenn dies jedoch weltweit geschieht, steigen die Preise für Nahrungsmittel für alle. Wer über ausreichend Kaufkraft verfügt, ist davon nicht direkt betroffen, er zahlt mehr für sein Brot und das stört ihn kaum. Andere dagegen können sich das nicht mehr leisten.

Der Verlust an Biokapazität wird in der Regel auch nicht als systemisches Umweltproblem wahrgenommen, sondern primär als schlechtes Management, als überraschende Dürre oder als Verteilungsproblem. Es kommt zu Spannungen und Auseinandersetzungen.

Der Footprint zeigt, dass in fast allen Ländern die Nachfrage nach Biokapazität über die vergangenen 40 Jahre stetig gestiegen ist – und wenn nicht, war die öffentliche Aufregung groß. Dann wurden neue Konjunkturprogramme aufgelegt. Das Angebot aber, gemessen in Biokapazität pro Kopf, hat sich in die entgegengesetzte Richtung entwickelt, es sank. Die meisten Menschen erleben das als selbstverständlich. Weil es überall geschieht. Und weil sie es nie anders gekannt haben.

Wir sind Kinder des Ölzeitalters. Die durchgängige Erfahrung in unserem Leben war: Wir haben (billige) Energie im Überfluss. Die Straßen wurden breiter, die Parkplätze knapper. Ob in der Feldarbeit, beim Bau eines Hauses oder beim Transport, Energie war mehr als genug vorhanden und machte die Dinge leichter und körperliche Arbeit weitgehend obsolet. Vor dem Ölzeitalter dagegen fühlte sich das Leben ganz anders an. Wenn die Nachfrage nach Biokapazität in allen Ländern steigt, die Kapazität pro Kopf aber sinkt, bedeutet das: Alle brauchen ihr Kapital auf.

Seit Mitte der 1980er Jahre ist die Bedrohung nicht mehr lokal, sondern global. Die Biosphäre der Erde befindet sich derzeit vier Planetenjahre im Defizit. Und die ökologischen Schulden wachsen. Wie weit der globale Prozess gehen kann, darauf hat die Wissenschaft noch keine genaue Antwort. Sicher ist aber, Overshoot, wie wir ihn heute bereits in verschiedenen Regionen der Welt sehen, wird immer mehr zu einer bestimmenden Kraft werden. Länder, die über relativ wenig Kaufkraft verfügen und sich nicht anpassen können, werden die ersten Opfer sein.

Die entscheidende Frage lautet: Wird dieser Prozess einfach weiter gehen? Oder wird es gelingen, eine Trendwende herbei zu führen? Eine gewaltige Aufgabe. Je früher man sie anpackt, desto leichter kann es gelingen. Viel Zeit ist bereits verschwendet worden. Wenn die ökologischen und die sozialen Systeme erstmal in einen chaotischen Zustand eingetreten sind, kann man kaum noch gegensteuern.

Der Kern des Problems ist offensichtlich: Global gibt die Menschheit mehr Natur aus, als sie einnimmt, sie lebt von der Substanz. Das kann auf Dauer nicht gut gehen. Und doch ist es nicht leicht, die Tragweite von steigendem Overshoot richtig einzuschätzen. Ein Grund dafür ist, dass die Menschen in Ländern mit hohem Einkommen (wie eben Deutschland, Österreich und die Schweiz) im Alltag so viele Möglichkeiten haben, sich den Engpässen zu entziehen. Vielen geht es gut. Aber wir sehen auch deutlich, dass nicht alle Menschen auf dem Globus so leben können wie wir.

Der amerikanische Wissenschaftler Jared Diamond hat untersucht, unter welchen Umständen Zivilisationen überleben und unter welchen nicht.[57] Sein Beispiel der Osterinsel sticht hervor, weil die Parallelen zum Planeten Erde so offensichtlich sind: Beide sind sie isoliert, ob im Pazifik oder im Weltraum. Sie sind ganz allein und werden von außen nicht bedrängt, bekommen aber auch keine Hilfe.

Am Ostersonntag des Jahres 1722 entdeckte der niederländische Seefahrer Jacob Roggeveen im Pazifik eine völlig abgelegene Insel. Die Ufer waren von riesigen Statuen mit schlanken

Schädeln und seltsam spitzen Nasen gesäumt. Die meisten waren umgestoßen und lagen zerstört auf dem Boden. Insgesamt bot die Insel ein Bild der Verwüstung. Die wenigen Einwohner führten ein kümmerliches Dasein auf einem baumlosen Geröllhaufen am Ende der Welt.

Mittlerweile haben wir ein ziemlich klares Bild davon, was auf der Osterinsel geschehen ist. Eintausend Jahre bevor sie von den Niederländern wieder entdeckt worden war, hatten Vorfahren der Polynesier sie mit offenen Kanus erreicht und besiedelt. Damals waren weite Teile der Insel noch mit üppigem Wald bedeckt. Aus den Baumstämmen fertigten die Bewohner ihre Boote und machten Jagd auf Thunfische und Delphine. Aus der Rinde wurden Seile gedreht. Damit schafften es die Bewohner, die bis zu 90 Tonnen schweren Kultfiguren auf Holzschlitten zu bewegen. An Festtagen setzten Priester Augen aus weißer Koralle mit einer roten Pupille in die Augenhöhlen der Giganten. Durchdringende, Erfurcht gebietende Blicke richteten sich hinaus aufs Meer.

Die Bewohner der Osterinsel bauten weiter an ihren Prestigeobjekten. Der Wald wurde dezimiert. Langsam verschwanden die Seevögel, die in den Bäumen gebrütet hatten. Regenwasser floss nun ungehindert über die Insel und schwemmte den fruchtbaren Boden ins Meer. Holzstämme, aus denen man hätte Kanus bauen können, gab es nicht mehr. Der Fischfang kam zum Erliegen. Die Zivilisation brach zusammen. Hungersnöte und Kannibalismus waren die Folge.

Wie konnte es zu dieser Katastrophe kommen? Vielleicht war es so: Auf der Osterinsel lebte ein Dutzend Sippen. Zwischen ihnen war ein Wettstreit darüber ausgebrochen, wer die meisten und größten Kultfiguren errichtete. Dem konnte sich niemand entziehen. Jeder Häuptling, der kleinere, bescheidenere Statuen hätte bauen lassen, wäre abgesetzt worden. Eitelkeit und Machthunger machten sie blind. Die Stämme blockierten sich in ihrem Eigennutz gegenseitig und waren in einer Konkurrenzspirale gefangen, aus der es für sie kein Entrinnen gab.

Vielleicht ist die Geschichte auch anders verlaufen, wir wissen es nicht. In jedem Fall aber war es eine *Tragedy of the Commons*, in der das kollektive Interesse des Überlebens sich gegen die Individualinteressen nicht durchsetzen konnte. Auch heute ist die Überwindung solcher Blockaden von existenzieller Bedeutung. Erinnert sei noch einmal an die Klimaproblematik. Eine Lösung ist nur durch Kommunikation möglich, durch Regeln, letztlich durch einen Vertrag, der auch eingehalten wird.

Das Beispiel der Osterinsel hilft, die Dynamik zu verstehen, die sich aus steigendem Overshoot ergibt. Das Phänomen beginnt langsam und schleichend. Darin besteht die Gefahr. Um im Bild der Osterinsel zu bleiben: Der Wald steht zwar noch, aber es wurden schon breite Schneisen hineingeschlagen. Jetzt gilt es zu verhindern, dass er in Einzelteile zerfällt, die dann nach und nach zerstört werden. Die Footprint-Methode, die Buch über den Bestand führt, könnte helfen, dass die heutigen rund sieben Milliarden – und bald neun bis zehn Milliarden – Menschen, sich darauf verständigen, wer wie viel Biokapazität nutzen darf.

Vor nicht allzu langer Zeit waren die Dinge noch einfach, man hat eine Straße gebaut, und fertig. Heute muss man die Folgen für den Wasserhaushalt in der betroffenen Gegend berücksichtigen, den Ausstoß an Kohlendioxid, die Auswirkungen auf die Artenvielfalt usw. Der Footprint reduziert die Komplexität und bricht sie auf eine Zahl runter. Er sagt uns auch, wie Overshoot mit konkreten menschlichen Aktivitäten verbunden ist, welche sinnvoll sind und welche eher nicht. Schließlich bilanziert der Footprint das Ganze und setzt es ins Verhältnis zu dem, was die Erde erneuern kann. Dadurch schafft er eine Datengrundlage und gibt zugleich einen Anstoß zur Kommunikation. Das ist der Schlüssel. Durch Gespräche, Übereinkommen und letztlich durch Aktionen lassen sich Verteilungsfragen friedlich regeln.

Aufgabe des Global Footprint Network ist es, mit seinen Partnerorganisationen das Instrument zu verbessern, zu standardisieren und zugänglich zu machen. Die Methode soll vor Verwässerung und Manipulation geschützt werden. Die Analyse ist jedoch das eine, die Anwendung das andere. Das ist Sache der Partner des Networks.

Das Credo des Global Footprint Network lautet: Overshoot beenden! Ziel ist es, eine nachhaltige Ökonomie zu befördern. Der Footprint hilft dabei als Messsystem und Managementwerkzeug.

Gewinner und Verlierer – Worauf ein Land in Zukunft achten muss

In einer Welt, die zunehmend von Ressourcenknappheit geprägt ist, ändern sich die globalen Wettbewerbsbedingungen rasant. Nach den alten Spielregeln versuchen Länder und Regionen, möglichst viel Finanzkapital ins Land zu holen, selbst auf die Gefahr hin, eigenes soziales und ökologisches Kapital zu beschädigen. Man setzt auf Wirtschaftswachstum. In einer von Overshoot geprägten Zukunft dagegen kommt es mehr und mehr darauf an, das eigene ökologische Kapital mit Sorgfalt zu nutzen und zu erhalten. Ein ökologisches Defizit zu haben, wird immer teurer. Die natürlichen Ressourcen werden zum entscheidenden Wettbewerbsfaktor. Bei steigendem weltweitem Druck müssen sich Länder und Regionen deshalb klug positionieren. Es geht um ihre ureigenen Interessen. Ökologische Buchführung mittels des Footprint hilft, Chancen und Risiken auszuloten und individuelle Zukunftsstrategien zu entwickeln. Entscheidend dabei ist eine effiziente Infrastruktur für Mobilität, Wohnen und Energiebereitstellung.

Amerikaner, Japaner, Europäer sowieso: Alle lieben Heidi. Es war im Jahr 1880, als die Schweizer Schriftstellerin Johanna Spyri ihr gleichnamiges Kinderbuch veröffentlichte. Seit dem hat die kleine Heidi – und mit ihr der Traum von der heilen Natur – die Herzen von Millionen Menschen erobert. Im Buch ist Heidi ein Waisenkind. Nach dem Tod der Eltern findet sie ihren Platz beim alten, verbitterten Almöhi, hoch oben in den Bergen. Zusammen mit ihrem Freund, dem Geissenpeter, hütet sie die Ziegen. Für beide Kinder gibt es nichts Schöneres als die unberührte Alpenwelt. Eines Tages aber muss Heidi ihr Zuhause verlassen und ins ferne Deutschland, nach Frankfurt, in die Großstadt. Am Ende des Buchs kehrt sie wieder zum Almöhi zurück. Heidi aber, die den Großstadtlärm, die Hektik und die technische Zivilisation erlebt hat, sieht ihre Heimat nun mit anderen Augen. Und liebt sie umso mehr.

Selbst ein konservatives Land wie die Schweiz hat sich seit 1880 verändert. Aber es gibt sie immer noch, die Almhütten, die klaren Bäche, die Wälder und die Wiesen mit ihrer Blumenpracht. Trotz Industrialisierung und moderner Zivilisation, die Schweizer haben sich weite Teile ihrer herrlichen Natur erhalten, fast wie zu Heidis Zeiten.

Aus den Footprint-Berechnungen ergibt sich freilich ein etwas anderes Bild. Danach befindet sich die Schweiz bereits ziemlich lange, vielleicht schon hundert Jahre, im Zustand des ökologischen Defizits. Seit 1961 hat sich der Footprint des Landes noch einmal verdoppelt. Der größte Teil des Zuwachses geht auf das Konto der Energie, typisch für Industriegesellschaften. Holz ist der einzige Rohstoff, mit dem sich die Schweiz noch selber versorgen kann, immerhin 31 Prozent des Landes werden von Wäldern bedeckt. Wasserkraft speist 60 Prozent des Elektrizitätsbedarfs der Schweiz. Bei Nahrungsmitteln sind die Eidgenossen massiv auf Importe von Biokapazität angewiesen. Insgesamt braucht es drei Mal die gesamte Biokapazität des Landes, damit die eine Schweiz so leben kann, wie sie es tut.

Die meisten Kühe stehen nicht mehr auf der Alm, wie noch zu Heidis Zeiten, sondern im Stall, unten im Tal. Statt saftigen Grases fressen sie vermehrt Sojaschrot aus Südamerika. Dort schrumpfen die tropischen Regenwälder. Leider können Rinder das Futter nicht so gut vertragen. Es führt zu vermehrten Blähungen, Methan entweicht, ein überaus potentes Klimagas. Die Schweizer Alpen jedoch werden durch reduzierte alpine Tierhaltung entlastet. Die Magerwiesen mit ihren Alpenblumen gedeihen wieder prächtig. Kaum ein Schweizer, noch weniger ein Tourist, nimmt Notiz davon, dass die Landschaft und der Schweizer Lebensstil massiv subventioniert werden, durch Biokapazität von außen. Denn alle lieben Heidiland.

Einen derartigen Luxus können sich nicht viele Länder leisten. Immerhin, dank Fortschritten bei der Ökoeffizienz steigt der nationale Fußabdruck der Schweiz nur noch langsam. Er liegt aber weit über den eigenen Kapazitäten und deutlich über dem globalen Durchschnitt. Und pro Kopf sinkt die Biokapazität kontinuierlich.

Mittlerweile gibt es eine ganze Reihe detaillierter Footprint-Studien für einzelne Nationen und Regionen. Die Bilder, die sich aus den Berechnungen ergeben, sind dabei sehr unterschiedlich. Beispiel Marokko: Der Fußabdruck pro Kopf ist ziemlich konstant geblieben. Die Biokapazität liegt deutlich unter dem Weltdurchschnitt und ist zudem durch Trockenperioden starken Schwankungen ausgesetzt. Oder Tansania: Der Fußabdruck pro Kopf hat abgenommen. Aufgrund des starken Bevölkerungswachstums liegt die Biokapazität pro Kopf heute unter dem globalen Durchschnitt.

Von besonderer Bedeutung ist China. Wer heute auf dem Flughafen Peking landet und den neuen Terminal 3 betritt, dem verschlägt es den Atem: die größte Halle der Welt, entworfen vom britischen Stararchitekten Lord Norman Foster. Ebenso atem(be)raubend ist aber auch die Pekinger Luft, die die Gäste aus aller Welt außerhalb des Flughafenpalastes erwartet. Trotz aller Anstrengungen, anlässlich der Olympischen Spiele 2008 die Qualität der Hauptstadtluft zu verbessern, ist die Millionenmetropole mit einem Dunstschleier aus Industrie- und Autoabgasen verhangen. Die Bewohner von anderen Ballungszentren des Landes sind noch deutlich schlechter dran. Nach Angaben des chinesischen Gesundheitsministeriums sterben jährlich 178 000 Menschen durch städtische Luftverschmutzung, weitere 350 000 werden dadurch krank.

Wegen seiner großen, wenngleich relativ stabilen Bevölkerung und dem steilen Entwicklungspfad, den das Land derzeit verfolgt, ist sein ökologisches Schicksal eng mit dem des Planeten als Ganzem verknüpft. Im Jahr 2005 betrug der durchschnittliche Footprint eines Chinesen 2,1 globale Hektar. Damit entspricht er rein rechnerisch genau der Kapazität, die einem durchschnittlichen Erdenbürger zur Verfügung steht (Sofern keine Biokapazität für wilde Tier- und Pflanzenarten reserviert wird). Allerdings, die ökologischen Reserven des Landes selber reichen schon lange nicht mehr aus, um die Nachfrage zu befriedigen. Seit Mitte der 1970er Jahre befindet sich China im Defizit. Mittlerweile verbraucht es ökologische Ressourcen von „zwei Chinas".

Das Land deckt einen Teil seines Defizits über Importe von natürlichen Ressourcen, und zwar in der Größenordnung von 130 Millionen globalen Hektar. Das entspricht etwa der gesamten biologischen Kapazität von Deutschland. Ein großer Teil des Defizits resultiert aus der Inanspruchnahme eines planetaren Allgemeinguts, der Atmosphäre. Die Quellen für die natürlichen Ressourcen befinden sich überwiegend in weit entfernten Ländern wie Kanada, Indonesien, Mosambik und Brasilien. Ein erheblicher Teil dieser Kapazitäten bleibt aber nicht im Land, sondern wird in Gestalt von Gütern wieder exportiert – China als Werkbank der Welt.

Kann es gelingen, dass China seine wirtschaftliche Aufholjagd in eine andere Richtung umlenkt? Dass es in seinen Produktions- und Konsummustern nicht weiter dem Westen nacheifert, sondern ein eigenes, zukunftsfähiges Entwicklungsmodell entwirft und einen neuen ökoeffizienten und sozial stabilen Weg einschlägt? Erkennt China, dass dies auch in seinem eigenen Interesse liegt?

Der Footprint hilft dabei, Antworten zu finden. Ob China oder Schweiz, Marokko oder Tansania, jedes Land hat ein sehr eigenes Risikoprofil und spezifische Entwicklungstrends. Mit Hilfe der folgenden Fragen kommt man zu einer ersten Einschätzung:

1 Wie verlaufen die Footprint- und Biokapazitätstrends des Landes und der Welt?

2 Ist das betreffende Land folglich ein ökologischer Schuldner oder ein ökologischer Gläubiger?

3 Welches sind die ökologischen Risiken des Landes? Wie schnell verläuft die Entwicklung? Wie wirkt sich das auf die Wettbewerbsfähigkeit aus, heute und morgen?

4 Über welche natürlichen Guthaben verfügt es? Nimmt sein Defizit – oder seine Reserve – zu oder ab? Was sind die Gründe dafür?

5 Was ist der optimale Ressourcenkonsum (und Kohlendioxid-Ausstoß) des Landes, im Verhältnis zu seiner Biokapazität? Zuviel Verbrauch wird zum Risiko, zuwenig macht das Leben schwieriger.

6 Wächst die Nachfrage schneller als die technische Effizienz zunimmt?

7 Wurden alle Möglichkeiten genutzt, um mit weniger Ressourcen besser zu leben?

8 Sind die Infrastrukturinvestitionen zukunftsweisend? Oder machen sie das Land erst recht anfällig für globale Risiken?

Aufgrund dieser Fragen kann es gelingen, nationale Lösungsstrategien zu entwickeln. Mit Hilfe des Footprint gilt es darüber hinaus, ein Monitoring zu erstellen, um ablesen zu können, ob die reale Entwicklung in die beabsichtigte Richtung weist oder nicht.

Beispiel Transportsysteme. Weit verbreitet ist die Sorge: Wenn Chinesen einmal so viele Autos fahren wie Europäer oder Amerikaner... was dann?[58] Rechnen wir es einmal durch: 200 Millionen Chinesen, die während der vergangenen zehn Jahre in die Städte gezogen sind, haben einen Verbrauch von rund 50 Litern Benzin pro Kopf und Jahr. Damit verursachen sie unterm Strich immer noch deutlich weniger Klimagase als die Bewohner der Stadt Atlanta im US-Bundesstaat Georgia mit ihren 4,1 Millionen Bewohnern allein. Dort liegt der jährliche Pro-Kopf-Verbrauch von Benzin nämlich bei 2 962 Litern.

So viel? Atlanta ist beim Kraftstoffverbrauch mit Abstand die Spitzenreiterin unter den US-amerikanischen Städten. New Yorker zum Beispiel tanken weniger als die Hälfte. In europäischen Städten liegt der Verbrauch bei rund 450 Litern pro Einwohner und Jahr. Atlanta fällt deshalb so weit aus dem Rahmen, weil die Stadt gleichsam um das Automobil herum gebaut wurde. Die Einwohnerdichte pro Fläche ist mit sechs Personen pro Hektar verschwindend gering. Zu Fuß kommt man einfach nicht weit. Dafür hat die Stadt ein gigantisches Straßennetz.

In modernen chinesischen Städten leben dagegen 150 bis 200 Menschen pro Hektar. Fläche ist hier der begrenzende Faktor für den Straßenbau. Chinesische Städte werden also niemals Atlanta werden. Was nicht heißt, dass die Motorisierungswelle in China und anderen Teilen des asiatischen Raums kein Problem darstellt.

Es heißt allerdings, dass das Design einer Stadt, insbesondere das ihrer Transportsysteme, den Ressourcenverbrauch auf Jahrzehnte festschreibt. Wer in Atlanta lebt, zur Arbeit fährt, seine Kinder zur Schule bringt oder Einkäufe erledigt, braucht eben seine 3 000 Liter Benzin pro Jahr – ob er will oder nicht. Und die Stadt komplett neu zu bauen, wie bereits einmal nach ihrer völligen Zerstörung im amerikanischen Bürgerkrieg geschehen, wird so schnell nicht möglich sein. Und selbst, wenn es möglich wäre, auch dafür bräuchte man enorme Ressourcen. Das hat auch New Orleans nach dem Hurrikan Katrina gezeigt.

Was hingegen sehr wohl funktioniert, ist: in vorhandenen Städten einen modernen Nahverkehr auszubauen und ihn deutlich schneller zu machen als das Auto. Dafür gibt es bereits viele Beispiele, auf allen Kontinenten dieser Welt. Paris, das ohnehin schon eine hohe Bevölkerungsdichte aufweist und in jüngster Zeit den Autoverkehr massiv zurückgedrängt hat, um mehr Platz für Fußgänger, für Fahrradfahrer und ein neues Expressbus-System zu schaffen, ist ein prominenter Fall. Mit Sicherheit kann man sagen: Dies ist eine weise Entscheidung der Pariser Kommunalpolitik. Städte und Agglomerationen, die sich heute für schnelle, leistungsfähige und energiesparende Zug- oder Bussysteme entscheiden, werden die Gewinner von morgen sein.

Eine effiziente, eine angepasste und vorausschauend geplante Infrastruktur ist von außerordentlicher Bedeutung. Straßen, Kraftwerke, Gebäude, Schienenwege oder Dämme haben eine Lebensdauer, die von einigen Jahrzehnten bis zu 100 Jahren und mehr reicht. Über diese Zeiträume sind die Ressourcenverbräuche der Anlagen und Systeme weitgehend festgeschrieben. Unterdessen bewegt die Menschheit sich immer weiter in den Zustand von Overshoot hinein.

Aus einer Ehe kann man ausbrechen und sich scheiden lassen. Mit der Infrastruktur ist das nicht so einfach. Die ist im nächsten Monat, im nächsten Jahr oder in zehn Jahren immer noch vorhanden. Man kann auch nicht im letzten Augenblick umsteuern. Dann kommt es eher zu Zusammenbrüchen. Infrastruktur wird teuer, unnütz, gänzlich obsolet oder einfach ein Ärgernis. Einzelne Häuser, die schlecht isoliert sind, oder Siedlungen, die nur mit dem Auto zu erreichen sind, werden verlassen und aufgegeben.

Die Lebensdauer von Menschen und Dingen im Vergleich zur Entwicklung des Footprint

Footprint in Anzahl Planeten Erde

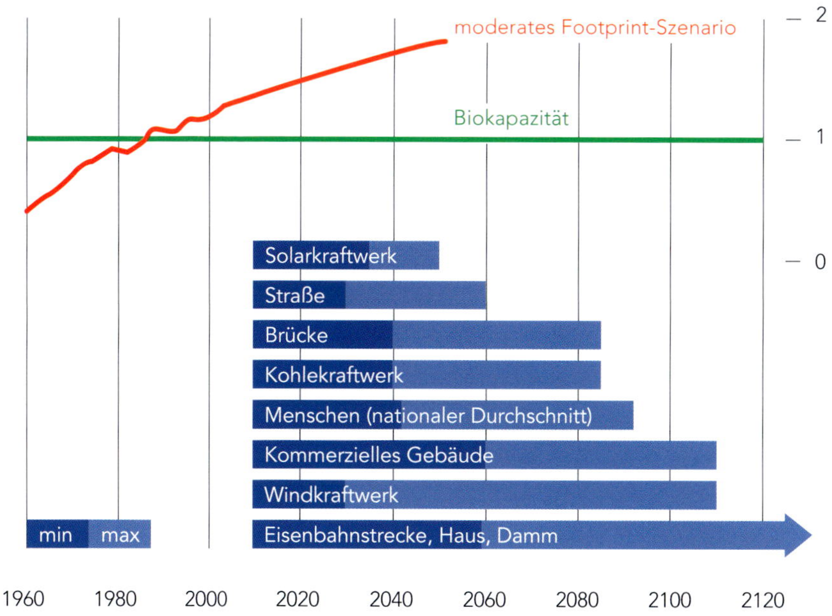

Deshalb ist es so wichtig, dass ein Staat oder eine Stadt die Entscheidungen für entsprechende Investitionen sorgfältig und mit Blick auf zukünftige Rahmenbedingungen trifft. Der Schlüssel für eine nachhaltige Politik liegt im Design der langlebigen Infrastruktur. Das Global Footprint Network hat dafür das Motto ausgegeben *Slow things first*.

Wenn die Unsicherheiten zunehmen, ist es umso wichtiger, dass die einzelnen Länder und Regionen sich optimal aufstellen. Kein anderer wird sie retten. Das müssen sie schon selber tun. Wenn China, Indien, die USA oder wer von den wirtschaftlichen Schwergewichten auch immer sich in Klimafragen beispielsweise *nicht* bewegen und es insbesondere für kleinere Länder eng werden sollte: Gerade dann wird es noch gefährlicher, ein ökologisches Defizit zu haben. Dann gilt es erst recht, die Regenerationsfähigkeit des eigenen ökologischen Kapitalstocks zu erhalten oder sogar zu verbessern. Dann stellen sich Fragen wie die folgenden umso dringlicher: Wie kann man mit der gegebenen Kapazität die Lebensqualität erhalten? Wie können wir uns positionieren, um von einer möglichen Abwärtsspirale nicht erfasst zu werden?

Vor dem Hintergrund zunehmender Wasserknappheit, Ausdehnung der Wüsten, zunehmender Erosion, dem verlangsamten Wachstum der Hektar-Erträge in der Landwirtschaft, Überweidung, Zerstörung der tropischen Regenwälder, Artensterben, Überfischung und Klimawandel verschieben sich zunehmend die Spielregeln im globalen Wettbewerb. Dabei geht es nicht nur um Energie. Stichwort *peak oil*: Wenn der Förderhöhepunkt von Erdöl erreicht sein wird (möglicherweise ist das bereits geschehen) und damit die Nachfrage das Angebot endgültig übersteigt, dann werden die Ölpreise weiter kräftig anziehen. Aus Sicht des Footprint gilt das aber nicht nur für Öl, sondern ebenso für Wasser, für Nahrungsmittel, für die Biokapazität des Planeten insgesamt: *peak everything.*[59]

Aus einer *peak everything*-Position heraus sind die Schritte klar. Schauen wir die Kohlendioxid-Problematik dagegen isoliert an, sieht es anders aus. Das Spiel um das Recht auf Emissionen gleicht einem Gefangenendilemma. Das bedeutet: Wenn jeder nur seinen eigenen Vorteil sucht, verlieren alle. Wir alle sind Gäste (auch Gefangene) einer Erde, deren Atmosphäre unseren Ansprüchen längst nicht mehr gewachsen ist. Das führt zu einer Strategie nach dem Motto „Erst müssen sich alle Beteiligten die Hand reichen, dann erst kann ich den ersten Schritt in Richtung Kohlendioxid-Reduktion wagen". Die Klimaproblematik isoliert anzugehen, wirkt sich daher kontraproduktiv aus.

Hingegen, aus einer *peak-everything*-Überlegung heraus werden die Staaten selber zu Treibern in diesem Spiel. Sie müssen sich schnell und früh bewegen, wenn sie gewinnen wollen. Und zwar aus ureigenem Interesse: um die Versorgung ihrer Bürger zu sichern, ihre Entwicklung und Lebensfreude zu fördern. Dabei ist letztlich eine kluge Haushaltsführung der einzelnen Spieler auch im Sinne der Welt als Ganzes.

All dies setzt eine solide ökologische Buchführung voraus. Ein entscheidender Schritt ist getan, wenn die zuständigen Minister ökologische Fragen nicht mehr in erster Linie als Kostenfaktor sehen, sondern als einen zentralen Wettbewerbsvorteil. Wir wissen, dass sie es begriffen haben, wenn sie angesichts eines wachsenden ökologischen Defizits ebenso ins Schwitzen geraten wie bei steigenden Arbeitslosenzahlen. Dann werden sie auch die entsprechenden Nachhaltigkeitsinvestitionen als unabkömmliche Chancen für die Zukunft erkennen.

Die ökologischen Gegebenheiten sind dabei von zentraler Bedeutung. Sie können allerdings regional oder national sehr verschieden sein. Schweden beispielsweise ist mit einem Footprint von 5,1 globalen Hektar pro Person und einer ökologischen Kapazität von zehn Hektar immer noch ein ökologischer Gläubiger. Dies, obwohl der durchschnittliche Schwede fast drei Mal mehr verbraucht, als es pro Kopf in der Welt gibt. Bangladesh dagegen ist mit einem Footprint von nur 0,6 globalen Hektar ein Schuldner, denn die ökologische Kapazität des Landes beträgt lediglich 0,3 Hektar pro Person.

Die Spielregeln des 20. Jahrhunderts lauteten: Versuchen Sie, möglichst viel Finanzkapital ins Land zu locken. Selbst auf die Gefahr hin, eigenes soziales und ökologisches Kapital zu beschädigen. Wachstum um jeden Preis! Im 21. Jahrhundert haben sich diese Regeln verändert. Heute heißt es: Nutzen Sie Ihr ökologisches Kapital! Die ökologischen Ressourcen werden zum entscheidenden Wettbewerbsfaktor. Und verfahren Sie dabei weise. Kurz: Managen Sie Ihr Vermögen!

Mit anderen Worten, statt möglichst viele Ressourcen zu verbrauchen (nicht als Ziel, sondern als Nebeneffekt), geht es nun darum, das Vermögen zu erhalten. In Zukunft werden nicht mehr diejenigen Länder die besten Karten in Händen halten, die über die höchsten Exportüberschüsse oder das höchste Bruttoinlandsprodukt verfügen. Auch die Unterscheidung zwischen Entwicklungsländern und entwickelten Ländern verliert nicht nur an Bedeutung, sondern wird gar kontraproduktiv. Es ist nicht nur eine Illusion, sondern eine physikalische Unmöglichkeit, dass alle Menschen einen amerikanischen oder europäischen Lebensstil annehmen können. Dafür gibt es, wie schon Gandhi gesagt hat, nicht genügend lebensspendende Planeten. Der institutionalisierte Graben zwischen Arm und Reich zementiert unseren Glauben an das Wachstum des Bruttoinlandsprodukts. Diese Idee hat ausgedient. Viel wichtiger wird die Frage, ob ein Land ein ökologisches Defizit aufweist oder ob es noch ökologische Potenziale hat. Der strategische und materielle Wert des Naturkapitals wird gewinnen.

Die großen Gläubiger dieser Welt sind Russland und Brasilien. Nicht etwa, weil sie ihre Ökosysteme gut und sinnvoll nutzen – sie haben einfach viel Kapazität. Diese Länder fragen sich: Wer soll in Zukunft zu unseren Freunden gehören, und wer nicht? Die geopolitischen Linien sind bereits in Bewegung. Ein ökologisches Defizit haben unter anderem Deutschland, die Schweiz und Österreich. Diese Länder sind nicht nur verwundbar, sie werden in Zukunft mit hoher Wahrscheinlichkeit auch immer höhere Preise zahlen müssen.

Auch auf den Finanzmärkten findet bereits ein Umdenken statt. Analysten begreifen zunehmend, dass sie das ökologische Risiko bislang unterbewertet haben. Manch einer handelt aus moralischen Überlegungen, um durch die eigene Investition nicht zum Defizit beizutragen. Andere hingegen sehen es eher pragmatisch. Wenn Mexiko über weniger ökologische Kapazitäten als Brasilien verfügt: Wo sind dann die Chancen, wo die Risiken? Wo sollte ein Investor sich eher engagieren?

Die Industriestaaten haben in diesem Zusammenhang einen entscheidenden historischen Vorteil: Sie waren in der Lage, sich Finanzkapital anzueignen, als das Naturkapital noch nicht knapp war. Gleichzeitig konnten sie, gestützt auf technische Überlegenheit, ihre wirtschaftliche Expansion vorantreiben. Aus dieser Position heraus erkaufen sie sich heute den Zugang zum Naturkapital in anderen Ländern. Schwellenländer wie China und Indien bauen mittlerweile ihre Infrastruktur massiv aus: Straßen, Eisenbahnstrecken, Kraftwerke, Fabriken. Dies alles mit hohem Material- und Energieaufwand. Und zu ganz anderen Preisen als vor 100 oder 150 Jahren.

In der letzten Hälfte des 20. Jahrhunderts ist die globale Güterproduktion um den Faktor 6 gestiegen. Deutlich größer war allerdings das Wachstum des Welthandels. Im selben Zeitraum wuchs er um den Faktor 20. Derweil schwellen die Stoffströme weiter an. Der globale Handel, befeuert durch moderne Transporttechnik und die allgemeine Freihandelsphilosophie, ist der zentrale Motor für den Abbau von Naturkapital. Dadurch sind zwar auch Vorteile entstanden – wir leben länger, der Komfort hat zugenommen –, aber wir sind auch abhängig geworden von einem Ressourcenstrom, den wir langfristig nicht aufrechterhalten können.

Finanzkapital kann man mit einem Mausklick am Computer um die halbe Welt verschieben, Containerschiffe und Transportflugzeuge erledigen den Rest. Naturkapital dagegen bewegt sich in anderen Zeiträumen. Wälder zum Beispiel brauchen Jahrzehnte, Ozeane Jahrhunderte, um sich zu regenerieren. Dabei machen die Widerstandsfähigkeit und Zähigkeit der Natur den ökologischen Raubbau heute erst möglich. Das Ganze bleibt aber nicht folgenlos. Die Natur hat ein gutes Gedächtnis, die Schäden werden akkumuliert. Die Rechnung wird dann später präsentiert.

In dieser Situation ergeben sich für Länder und Regionen in Zukunft unterschiedliche Strategien:

1 Umweltverträgliche Produktion. Dann kann man entweder mit steigendem Wohlstand gleich viele Ressourcen verbrauchen oder den Wohlstand halten und die Biokapazität schonen.

2 Lebensqualität sichern bei vermindertem Ressourcenverbrauch. Kompakte Städte mit effektiver Infrastruktur helfen, den Energieverbrauch zu senken und unnötige Wege zu vermeiden.

3 Bevölkerungswachstum reduzieren und durch Familienplanung sogar umkehren; insbesondere Frauen erhalten einen besseren Zugang zu Bildung.

4 Biokapazität ausbauen, zum Beispiel durch sorgfältige und schonende Bewässerungssysteme, durch Aufforstungsprogramme oder Schutz vor Erosion wie zum Beispiel Terrassierung. Ohne Sorgfalt aber kann der Ausbau von Biokapazität der Artenvielfalt entgegenwirken.

Footprint-Szenarien – Wege aus dem globalen Overshoot

Den globalen Overshoot zu beenden ist eine gewaltige historische Aufgabe. Sie wird durch weiteres Wachstum der Weltbevölkerung, die wirtschaftliche Aufholjagd der Schwellenländer und steigende Ressourcenknappheit noch erschwert. Der Footprint bietet zwar keine fertigen Lösungen an, zeigt aber Wege auf, wie die zentrale Herausforderung des 21. Jahrhunderts gemeistert werden kann. Städte, Regionen und Länder sollten herausfinden, wie hoch ihr vertretbares Optimum an Ressourcenkonsum ist. Wie viel Biokapazität ist lokal vorhanden? Wie viel global? Und wie groß ist die eigene Kaufkraft im Verhältnis zu anderen? Konsumieren sie zu viel, setzen sie ihre eigene wirtschaftliche Zukunft aufs Spiel. Konsumieren sie zu wenig, wird das Leben möglicherweise unangenehm. Wenn alle ihren eigenen Ressourcenkonsum bewusster steuern, und zwar aus Eigeninteresse, kann es eher gelingen, allen Menschen ein gutes, ein würdiges Leben innerhalb der Grenzen dieses einen Planeten zu ermöglichen.

Über Jahrtausende war es kein Thema, dass wir auf einem endlichen Planeten leben. Lokal war es manchmal knapp, aber die Welt und die wilde Natur schienen unendlich und übermächtig, stärker als der Mensch. Doch die Dinge haben sich gravierend verändert. Das hinsichtlich Naturbeherrschung erfolgreichste Lebewesen auf dem Planeten, der Mensch, fügt seinem Biotop mittlerweile erhebliche Schäden zu. Seit Mitte der 1980er verliert die Erde schleichend an Substanz. Die ökologischen Schulden betragen derzeit vier Planetenjahre und wir wissen einfach nicht, wie lange die Ökosysteme diesen Zerstörungsprozess dulden und wie sich die Übernutzung auf deren Produktivität auswirken wird. Doch die Grenzen sind bereits fühlbar. Sie zu akzeptieren fällt schwer.

Wenn die Belastungen der Biosphäre derzeit immer weiter steigen, wenn die Trends, die wir in Wirtschaft und Politik sehen, in die falsche Richtung gehen, wie kann es dann überhaupt gelingen, dass die Menschheit Overshoot beendet?

Wir kennen die Zukunft nicht, nur Zukünfte. Szenarien helfen, sie zu verstehen. Welche Zeiträume sind denkbar, um die Menschheit wieder in eine stabile Lage zu bringen? Welche Wege bieten sich an? Welche sind gangbar? Szenarien beschreiben Wege und Handlungszusammenhänge, sie leuchten gleichsam den Zukunftsraum aus. Sie zeigen Optionen und mögliche Konsequenzen. Sie bieten sich vor allem dann an, wenn der kommende Weg unübersichtlich ist und man, aller Widrigkeiten zum Trotz, vernünftig und weitsichtig handeln will. Nennen wir es Denken auf Vorrat.

Szenarien funktionieren dabei ähnlich wie ein Improvisationstheater. Die Ausgangsposition bleibt immer gleich, das Bühnenbild auch. Einen fertigen Text, ein Drehbuch gibt es nicht. Wohl aber einen Rahmen: einen Spielort, die verabredete Spieldauer und ausgesuchte Mitspieler. Sie beginnen, eine Geschichte zu entwickeln. Wo sie an diesem Abend enden wird, muss sich zeigen.

Der Footprint beschreibt die Ausgangssituation, den Zustand des Biotops und wie es genutzt wird. Das Ensemble steht, die Anzahl der Schauspieler ist definiert. Das Spielfeld ist markiert. Die Lichter im Zuschauerraum verlöschen. Der Vorhang hebt sich. Das Spiel kann beginnen.

Doch halt! Bevor es losgeht, wollen wir noch einmal kurz innehalten, um uns auf das Theater einzustimmen. Was werden wir sehen? Was sagt uns ein Footprint-Szenario über das „wirkliche Leben"? Was kann es abbilden? Was nicht?

Mit dem Footprint sieht man die Welt wie durch eine Brille, die bestimmte Aspekte herausfiltert. Krankheiten zum Beispiel haben keinen Footprint. Man könnte zwar den Footprint eines Krankenhauses berechnen, aber nicht die Krankheit als solche. Der Footprint sagt uns auch nicht, ob wir in einer schönen oder hässlichen Stadt wohnen. Die Brille ist außerdem so geschliffen, dass sie auf die Dienstleistungen der regenerativen Ressourcen fokussiert: Was man zum Leben so braucht. Der Footprint hilft auch nicht in der Beförderung unseres persönlichen Glücks. Das wäre vielleicht auch zu viel verlangt. Sicher aber brauchen wir, jeder einzelne, aber auch die Menschheit insgesamt, bestimmte Dinge, um überhaupt leben und glücklich werden zu können: etwas zu Essen, Kleidung oder ein Dach über dem Kopf. Dafür hat der Footprint einen guten Blick: wissenschaftlich nachprüfbar, zugleich sehr einfach und plastisch, damit wir die Dinge gut vergleichen können. Sein Fokus richtet sich auf die materiellen Bedingungen, die wir zum Leben benötigen. Wenn es darum geht, den menschlichen Naturverbrauch mit der Kapazität unseres Planeten zu vergleichen, zählt der Footprint sicher zu den verlässlichsten wissenschaftlichen Werkzeugen, über die wir verfügen.

Noch eines, vielleicht das Wichtigste. Die oberste Regel für die folgenden Szenarien lautet: *One Planet Living*. Es gibt in diesem Weltall, so weit wir wissen, nur diesen einen Planeten, der Schokolade produziert – macht das Beste daraus! Das Leben soll großartig sein. Zugleich sollen alle Menschen ein gutes, ein würdiges Leben auf dieser Erde führen können.

Die folgenden drei Szenarien sind alle global angelegt. Sie basieren auf Studien des International Panel on Climate Change (IPCC) und der Organisation für Nahrung und Agrikultur der

Vereinten Nationen (FAO). Dabei geht es wesentlich um die Nachfrageseite: Was braucht die Menschheit über die kommenden Generationen an Nahrungsmitteln? Und wie viel Treibhausgase wird sie emittieren? Der Zeithorizont ist dabei weit gefasst, nämlich bis zum Ende dieses Jahrhunderts.

Szenario 1: Moderater Fortgang

Organisationen der Vereinten Nationen haben verschiedene Projektionen für die nächsten Jahrzehnte entwickelt. Sie schätzen Bevölkerungstrends ab, zukünftige Essgewohnheiten, Nachfragen nach Forstprodukten und Energieverbrauch. Was geschieht, wenn wir alle diese Abschätzungen zusammenzählen und sie in ein Gesamtszenario umrechnen? Für das Szenario des *Moderaten Fortgangs* nehmen wir die konservativen Annahmen dieser UN-Projektionen: langsames Bevölkerungswachstum, aggressive Energiesparmaßnahmen und die landwirtschaftliche Produktivität wächst weltweit weiter wie während der vergangenen vier Jahrzehnte – eine einfache Trendverlängerung. Trotzdem ergibt sich ein erstaunliches Resultat. Die Schere zwischen Footprint und Biokapazität wächst ins Uferlose und nimmt innerhalb von Jahrzehnten Dimensionen an, die physikalisch kaum möglich sein werden.

Um das Jahr 2050 herum ist im Szenario *Moderater Fortgang* die globale Nachfrage nach Ackerland und CO_2-Land gegenüber den Daten von 2005 um 75 Prozent gestiegen, die nach Wald um 40 Prozent und nach Weideland um über 80 Prozent. Nur Fisch bleibt auf dem heutigen Niveau. Der durchschnittliche Footprint eines Erdenbewohners von derzeit 2,7 globalen Hektar erreicht damit in der Mitte des Jahrhunderts einen Wert von 3,4 globalen Hektar. Zugleich hat die Weltbevölkerung noch einmal deutlich zugenommen.

Im Jahr 2050 würde die Menschheit jährlich nicht mehr die Erträge von 1,4 Planeten jedes Jahr konsumieren, sondern von 2,3. Dadurch steigen die ökologischen Schulden, von derzeit vier Planetenjahren auf dann etwa 40 – und es würde weiter Jahr für Jahr Overshoot aufgebaut werden. Ein Planetenjahr entspricht der Produktion, die die Biosphäre pro Jahr hervorbringt. Vier Planetenjahre könnten also kompensiert werden, indem die Menschen vier Jahre nichts von der Natur ernten, wenn wir (optimistischerweise) annehmen, dass die gesamte Übernutzung reversibel wäre. Was bedeuten aber 40 Planetenjahre?

Zur Illustration: Damit ein gesunder Wald heranwächst, braucht es ein halbes Jahrhundert. Die jährliche Wachstumsrate beträgt etwa zwei Prozent. Folglich könnte man diesem Wald jedes Jahr zwei Prozent der Biomasse entnehmen, ohne das Ökosystem zu schädigen. Man könnte aber auch sämtliche Bäume mit einem Mal schlagen. Dann wäre der Wald kahl und, falls die Böden nicht zerstört wären und neue Bäume gepflanzt würden, ginge es dann wieder 50 Jahre, bis der Originalzustand wieder erreicht wäre. Wälder sind die Ökosysteme mit der größten akkumulierten Biomasse. Weideflächen oder Äcker haben nur die Böden als Naturkapital (*stock*). Im Meer ist so viel Biomasse angereichert, wie in elf Tagen produziert wird. Durch die geringeren *stocks* auf Wiesen, Feldern und im Meer können diese Ökosysteme folglich weniger ökologische Schulden abfedern.

Das heißt, wenn der ganze Planet nur von ausgewachsenen Wäldern bedeckt wäre, könnte die Welt eine Schuld von 50 Planetenjahren aufbauen. Dann wäre der Globus freilich kahl (und wir müssten bis zur nächsten Ernte 50 Jahre warten). Im Durchschnitt verfügt der Planet wahrscheinlich über weniger Naturkapital. Das Szenario des *Moderaten Fortgangs* ist damit höchst unrealistisch. Hinzu kommt, dass in Ökosystemen nicht alles linear verläuft, bei Schäden ergeben sich Quantensprünge (*tipping points*). Zum Beispiel wenn der Amazonas austrocknet oder wenn bei zu großer Erwärmung die Böden im Permafrostbereich auftauen und plötzlich enorme Mengen Methan freisetzen. In beiden Fällen würde der Klimawandel beschleunigt werden und damit die Biokapazität noch weiter unter Druck geraten. Dann setzt sehr rasch die Phase des Kollaps ein – noch bevor das Naturkapital gänzlich aufgebraucht wäre.

Die unterschiedlichen Ökosysteme existieren auch nicht in abgegrenzten Welten. Wenn man Ackerland gewinnt, so geschieht das häufig auf Kosten von Wald. Der Anbau von Palmölpflanzen in Indonesien zu Lasten der Regenwälder ist dafür ein dramatisches Beispiel. Folglich gibt es weniger Bäume für die Papierproduktion oder um Kohlendioxid zu absorbieren. Wenn Fischgründe kollabieren, wird vermutlich der Druck auf Ackerland größer, um Menschen oder deren Haustiere mit Eiweiß zu versorgen. Kurz, eine abstrakte Berechnung ökologischer Schulden in Planetenjahren unterschätzt zwangsläufig die Gefahr, die von steigendem Overshoot ausgeht. Es ist eher ein allgemeiner Wert zur Risikoabschätzung.

Das Ergebnis des Szenarios ist eindeutig: Eine weitere, eine kontinuierliche Steigerung der Nachfrage nach Biokapazität ist jenseits aller Möglichkeiten. So kann es einfach nicht weitergehen. Neben den sozialen, kulturellen und wohl auch militärischen Spannungen, die mit einem Weiter-so verbunden sind, ergibt sich die größte Gefahr aus dem Zusammenbruch der ökologischen Systeme. Im Kern beschreibt das Szenario des *Moderaten Fortgangs* das Leben auf einem schnell verödenden Planeten.

Der Grundgedanke der vorliegenden Szenarien ist einfach: Man vergleicht die Nachfrageseite, die sich aus offiziellen Projektionen ergibt, mit dem, was der Planet überhaupt bereitstellen kann. Genau dies, die Berücksichtigung der Angebotsseite, ist der spezifische Beitrag des Footprint zu diesen Überlegungen. Überraschend: Selbst die moderaten Szenarien erfüllen nicht einmal die Minimalbedingungen dauerhaften Wirtschaftens, dass nämlich die Produktion von Gütern und Dienstleistungen von der Ressourcenseite gedeckt ist. Auf Deutsch heißt das: Man hat die Rechnung ohne den Wirt gemacht.

Die Regel *One Planet Living* – alle Menschen sollen ein gutes und würdiges Leben auf der Erde führen – ist mit dem Szenario des *Moderaten Fortgangs* nicht zu erreichen. Haben wir etwas anders erwartet? Eigentlich nicht. Der Footprint belegt mit seinen Zahlen noch einmal klar, dass es so auf Dauer nicht weitergehen kann. Das Ergebnis zeigt zugleich, wie kritisch die Lage, in der die Erde sich befindet, tatsächlich ist und dass die kommenden Jahrzehnte entscheidend sein werden.

Häufig entsteht an diesem Punkt ein Gefühl der Ratlosigkeit: Was kann man überhaupt noch tun? Die folgenden Szenarien nehmen den Anspruch, Overshoot zu beenden, Ernst. Mittels des Footprint begeben wir uns auf eine Erkundungstour in ein unbekanntes Gelände, um seine Tragfähigkeit für einen nachhaltigen Weg ins 21. Jahrhundert zu testen.

Szenario 2: Langsame Reduktion

Ziel ist es, die Übernutzung des Planeten bis zum Ende des Jahrhunderts langsam auszuschleichen. Abrupte Entwicklungen sollen möglichst vermieden werden. Das heißt konkret, die ökologischen Schulden werden erst einmal weiter wachsen, um dann, ab der Mitte des Jahrhunderts, zurück zu gehen. Etwa auf dem letzten Viertel der Strecke unterschreitet die globale Nachfrage wieder das Angebot. Die kritische Phase des planetarischen Overshoot würde demnach etwa nach einem Jahrhundert zu Ende gehen. Ab diesem Zeitpunkt soll ein bescheidener Puffer von Biokapazität entstehen, um die Geschwindigkeit des Verlusts an Artenvielfalt zu bremsen. Der gesamte Prozess findet unter erschwerten Umständen statt. Insbesondere die steigende Weltbevölkerung und die ökonomische Aufholjagd der bevölkerungsreichen Schwellenländer sind Faktoren, die stimulierend auf die Nachfrage wirken.

Eine zentrale Frage ist die der Energiegewinnung und des Ausstoßes von Kohlendioxid. Seit 1961 ist der globale Carbon-Footprint um 1 100 Prozent gestiegen. Und momentan bildet er die mit Abstand größte Einzelposition des Footprint der Menschheit. Im Szenario der *Langsamen Reduktion* soll der Kohlendioxid-Ausstoß bis zum Ende des Jahrhunderts halbiert werden.

In diesem Zusammenhang wird immer wieder der Förderhöhepunkt von Erdöl (*peak oil*) diskutiert. Die deutsche Bundesanstalt für Geowissenschaften und Rohstoffe[60] erwartet den Zeitpunkt um das Jahr 2020 herum. Andere Geologen sehen das Datum deutlich früher.[61] So oder so, dies ist der endgültige Zeitpunkt, an dem die Nachfrage das Angebot übersteigen wird: Die Preise für Erdöl werden weiter dramatisch zunehmen. Arme Länder und einkommensschwache Schichten in den wohlhabenden Ländern werden sich weniger Öl oder Benzin leisten können.

Die Kohlevorräte des Planeten tragen aber noch lange. Auch die kanadischen und amerikanischen Ölsandvorkommen sind gewaltig. Der Prozess der Gewinnung ist allerdings teuer, schmutzig und energieintensiv. Jenseits von *peak oil* könnten die Kohlendioxid-Emissionen also durchaus weitersteigen, vielleicht sogar noch schneller. Die geologischen Voraussetzungen dafür sind gegeben. Eine faire Lösung der Klimafrage wird es deshalb nur auf politischem Wege, über Verhandlungen, geben.

Das Thema Klimawandel ist längst im Bewusstsein der Menschen angekommen. Und dennoch, die Emissionen steigen Jahr für Jahr, sogar schneller als die extremen Szenarien des IPCC ausweisen. Nur durch die Rezession, die im Jahr 2008 begonnen hat, hat sich das Wachstum etwas abgeflacht – aber alle Politiker und Ökonomen setzen auf den nächsten Aufschwung. Dabei ist man sich auf der Ebene der Ideen durchaus einig, wie eine Lösung aussehen könnte. Wissenschaftler sprechen von einem *cap and trade-System*. Der erste Teil *(cap)* bedeutet, dass die Emissionen weltweit mit einem Deckel versehen werden. Das heißt, man braucht einen Vertrag. Und zwar einen, bei dem alle mitmachen und sich auch daran halten.

Der zweite Teil (*trade*) ist nicht minder anspruchsvoll. Es ist ein Marktmechanismus, um zu bestimmen, wer wie viel emittieren darf. Bislang konnte man die Atmosphäre beliebig als Müllhalde für Treibhausgase nutzen. Spürbare ökonomische Nachteile gibt es nicht. Das ließe sich ändern. An Abwasser- und Müllgebühren haben wir uns gewöhnt. Warum sollte das nicht ebenso für „Abluftgebühren" gelten? In Europa hat man mit dem Handel von entsprechenden Verschmutzungsrechten bereits begonnen. Die Hoffnung ist, dass dies – allen Widerständen zum Trotz – auch auf globaler Ebene gelingen könnte.

In den Augen vieler braucht die Welt in Zukunft nicht weniger Energie, sondern sogar mehr. Dazu soll sie umweltfreundlich und preisgünstig produziert werden. Wir brauchen eine Energiewende. Eine gewaltige Aufgabe, die nicht von heute auf morgen zu schaffen sein wird. Aus Sicht des Footprint kommt es zudem darauf an, beim Wechsel zu anderen Energiequellen die Lasten auf die Biosphäre nicht einfach zu verschieben. Jegliche Energieproduktion, sei sie fossil oder erneuerbar, hat einen Footprint. Die Hauptformen der regenerativen Energie – ob Wasserkraft, Windkraft oder Biomasse – tragen wesentlich zur Reduktion von Kohlendioxid bei, ihr Flächenverbrauch allerdings fällt auch ins Gewicht.

Klimawissenschaft und Footprint-Analyse ergänzen einander. Dem Footprint kommt dabei die Aufgabe zu, das umfassendere Bild zu zeichnen. Anders formuliert, wenn man nur das Klima im Auge hat, springt man zu kurz. Die Treibhausgasemissionen sind es eben nicht allein. Alle Formen der Energieproduktion verbrauchen Biokapazität und Fläche. Letztlich kommt es auf die Gesamtbelastung der Biosphäre an. Auch durch die Nachfrage aus anderen Bereichen: Nahrungsmittel, Wohnen, Kleidung. Damit schlägt der Footprint die Brücke zwischen Naturkapazität und Wirtschaft.

Auf dieser Linie liegt die Grundidee der Footprint-Szenarien: Wie viel Kapazität ist vorhanden? Für wie viele Menschen? Für welche Bedürfnisse? Diese verschiedenen Anforderungen gilt es, unter einen Hut zu bekommen. Dabei geht es, bildlich gesprochen, erst einmal darum, die Gewichte zu sortieren. Die Fragen der Umsetzung – wer was, zu welchen Preisen und unter welchen ökonomischen Vorzeichen erhält – bleiben erstmal außen vor.

Hier noch einmal die Eckpunkte des Szenarios der *Langsamen Reduktion*: Bis 2100 gelingt es, die globalen Kohlendioxid-Emissionen zu halbieren. Bis zum Ende des Jahrhunderts geht der Fang von wild lebendem Fisch ebenfalls um die Hälfte zurück. Damit dürfte eine nachhaltige Bewirtschaftung der weltweiten Fischgründe möglich sein. Die Nachfrage nach Acker- und Weideland steigt dagegen, allerdings halb so schnell wie die Zunahme der Weltbevölkerung. Der durchschnittliche Fleischkonsum geht entsprechend zurück. Ebenfalls steigend ist die Nachfrage nach Holz, und zwar relativ stark, um 50 Prozent. Damit soll ein sinkender Anteil an fossiler Energie und von ölbasierten Materialien wie Kunststoffen kompensiert werden.

Unterm Strich würde der gesamte Footprint der Menschheit im Jahr 2100 rund 15 Prozent unter dem des Jahres 2005 liegen.

Bei einem moderaten Bevölkerungswachstum läge der durchschnittliche Footprint eines Einzelnen damit bei 1,5 globalen Hektar; derzeit beträgt er rund 2,1 globale Hektar.

Um das Jahr 2100 herum würden wir das Stadium des Overshoot verlassen. Vorher aber würden wir 15 Planetenjahre ökologische Schulden aufbauen. Wäre das überhaupt möglich? Oder würde ein solches Szenario mit unangenehmen *tipping point*-Überraschungen aufwarten?

Szenario 3: Schnelle Reduktion

Eine andere Verteilung der Gewichte zeigt sich im nächsten Szenario. Der entscheidende Unterschied zum vorhergehenden besteht darin, dass die Geschwindigkeit der Veränderung deutlich anzieht: Insgesamt soll die Menschheit den Zustand des Overshoot bereits um das Jahr 2040 verlassen. Zu diesem Zeitpunkt betragen die ökologischen Schulden acht Planetenjahre, sie müssen im weiteren Verlauf abgebaut werden.

Insbesondere zielt das vorliegende Szenario darauf ab, die Kohlendioxid-Emissionen schneller zu senken. Dies ist durchaus im Sinne der Klimawissenschaft. Nach ihren Erkenntnissen ist ein Anstieg der mittleren Temperatur auf dem Globus um etwa zwei Grad Celsius bereits nicht mehr zu verhindern. Die Hoffnung ist, dass der Globus dies gerade noch verkraftet. Will man aber innerhalb dieser kritischen Grenze bleiben, müssen die globalen Kohlendioxid-Emissionen bereits um das Jahr 2050 mindestens halbiert sein und nicht erst zum Ende des Jahrhunderts hin, wie im Szenario der *Langsamen Reduktion* angelegt. Zu diesem Zeitpunkt sollen die Emissionen nach dem Szenario der *Schnellen Reduktion* um 70 Prozent gefallen sein.

Die Nutzung von Acker- und Weideland wächst bis 2100 um 15 Prozent. Dies führt, bei steigender Weltbevölkerung, zu einer

Reduzierung des Footprint von Acker- und Weideland um 23 Prozent pro Kopf. Was allerdings kein geringeres Nahrungsangebot nach sich ziehen muss, wenn man gleichzeitig die Futtermenge für Tiere zurückfährt. Die Ernährung würde eher vegetarisch.

Das vorliegende Szenario der *Schnellen Reduktion* unterstellt optimistischerweise eine 30-prozentige Steigerung der Biokapazität von Ackerland, Fischgründen und Wäldern bis 2050, ermöglicht durch innovative Verfahren. Beispielsweise könnte eine Minderung des Fangs von wild lebendem Fisch durch gesteigerte Nutzung von Aquakulturen kompensiert werden. Bereits heute ist das Wachstum in dieser Branche gewaltig. Allerdings, Zuchtfische müssen auch gefüttert werden, sei es durch Fang von minderwertigem Fisch aus den Weltmeeren oder durch landwirtschaftlich erzeugtes Futter. So lange es sich dabei nur um eine Verschiebung von Biokapazität handelt, ist nicht viel gewonnen. Erst wenn die Zucht mit einer effizienteren Nutzung der Biomasse einhergeht, ergibt sich eine Steigerung der Biokapazität.

Alle Strategien auf diesem Weg haben ihren Preis. Die Ausweitung von Ackerland geht zu Lasten wild lebender Tiere und Pflanzen. Künstliche Bewässerung kann zu Versalzung und zur Übernutzung des Grundwassers führen. Dünger und Pestizide können ebenfalls negative Auswirkungen auf Ökosysteme haben. Erschwerend kommt hinzu, dass nach *peak oil* die fossile Energiezufuhr in das System der Nahrungsmittelproduktion – vom Kunstdünger, der aus Naturgas erzeugt wird, über Kraftstoffe für Traktoren und Transport, bis hin zur Kühlkette – zurückgeht und durch neue, innovative Techniken ersetzt werden muss. Alle Strategien, die auf eine Vergrößerung des Angebots von Biokapazität zielen, müssen also sorgfältig gemanagt werden.

Das Szenario der *Schnellen Reduktion* würde 2100 insgesamt zu einer Verkleinerung des Footprint der Menschheit um

40 Prozent führen. Die Anstrengungen wären erheblich. Auf der Habenseite stehen dafür deutlich geringere ökologische Risiken. Etwa ab der Mitte des Jahrhunderts würde sogar ein Puffer an Biokapazität aufgebaut. Im Jahr 2100 würde ein Drittel der Biosphäre des Planeten wild lebenden Tieren und Pflanzen zur Verfügung stehen – wahrscheinlich immer noch zu wenig, um den Verlust an Arten gänzlich aufzuhalten.

Alle drei Szenarien setzen voraus, dass große Schocks der Weltwirtschaft und Naturkatastrophen im Verlauf des Jahrhunderts vermieden werden können. Auch ein dramatischer Einbruch des Energieangebots würde das gesamte Spiel verändern. Deshalb sind die ersten beiden Szenarien auch nicht konsistent. Das Szenario des *Moderaten Fortgangs* endet im ökologischen Kollaps. Dabei zählt es zu den hoffnungsvollsten, die in Regierungsorganisationen diskutiert werden! Das Szenario der *Langsamen Reduktion* führt zwar aus dem Overshoot heraus, aber, nach allem was wir wissen, nicht rasch genug. Eine Klimakatastrophe wäre auf diesem Weg wohl nicht zu vermeiden. Nur das dritte, das anspruchsvollste Szenario beendet tatsächlich Overshoot und führt zu nachhaltigen und stabilen Verhältnissen auf dem Globus.

Selbstverständlich sind neben den drei durchgerechneten Szenarien beliebig viele andere denkbar. Das zentrale Ziel – Overshoot zu beenden – wird nicht über einen glatten Weg zu erreichen, sondern von Krisen begleitet sein. Und doch wird man sich bemühen, sie zu vermeiden.

Overshoot zu eliminieren heißt, die Kluft zwischen dem Footprint der Menschheit und der Biokapazität des Planeten zu schließen. Dazu muss die Weltgemeinschaft sich darüber prinzipiell verständigen, wie weit der Footprint verringert und in welcher Weise die Nachfrage zwischen Individuen und Bevölkerungsgruppen verteilt werden soll. Sollte es aber zu keiner internationalen

Verständigung kommen, wird die Welt schneller unberechenbar. Das bedeutet für Länder und Städte, dass sie sich noch aggressiver auf eine ressourcenarme Zukunft vorbereiten sollten, um ihre Lebensqualität abzusichern. Das globale Problem wird zum lokalen Problem. An die Stelle des Prinzips „Deckeln und Handel treiben" (*cap and trade*) in der Klimadiskussion setzt der Footprint sein anspruchsvolleres „Verringern und verteilen" (*shrink and share*).

Mögliche Verteilungsmechanismen setzen entweder auf fixe Footprint-Anteile für Individuen oder Gruppen oder man geht den Weg über Konsumrechte; im Prinzip entspricht dies dem Handel

Footprint-Szenarien

in Anzahl Planeten Erde

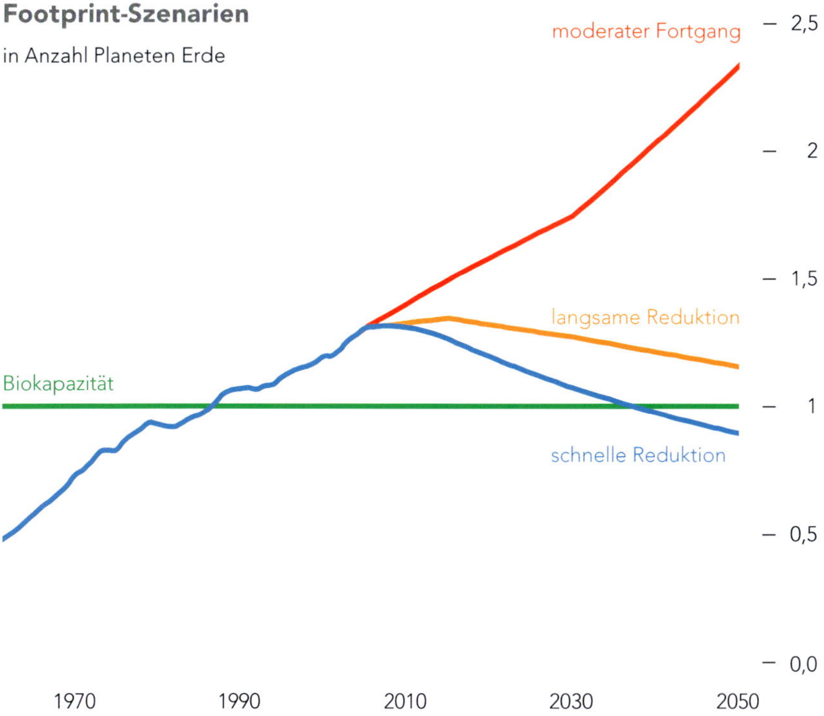

von Verschmutzungsrechten, wie wir ihn aus der Klimadiskussion bereits kennen. Diese Rechte werden an Individuen, Länder oder Regionen ausgegeben. Jede akzeptable globale Strategie wird zudem ethische, ökonomische und ökologische Ansätze zu berücksichtigen haben und nicht alle Widersprüche lösen können.

Drei Wege werden hier exemplarisch zur Diskussion gestellt, denkbar sind deutlich mehr. Verschiedene Regionen mögen auch unterschiedlich reagieren. Glatt wird es sicher nicht laufen. Aber vielleicht einigen wir uns global auf mögliche Zugangsrechte auf Biokapazität. Diese Rechte könnten proportional zum Angebot der Biokapazität in der jeweiligen Region bestimmt werden oder im Verhältnis zur Größe der Bevölkerung. Dabei können die Zuordnungen entweder fixiert werden oder auch elastisch, abhängig von der Entwicklung in den Regionen, vorgenommen werden.

Das erste Modell setzt auf die Reduzierung des Footprint innerhalb der Regionen. Ausgangspunkt des Verteilungsschlüssels ist dabei der aktuelle Konsumlevel, ähnlich wie es die Mechanismen des Kioto-Protokolls für die Reduzierung der Treibhausgase vorsehen. Ein Einwand könnte sein, dass dieses Modell Regionen mit historisch hohen Verbrauchsstandards und großer Bevölkerung bevorteilt und andere, die bereits mit der Reduzierung ihres Verbrauchs begonnen haben, benachteiligt.

Ein zweites Modell folgt dem Gedanken, dass die Verteilung der Region gemäß der Größe ihrer eigenen Biokapazität folgt. Regionen könnten dabei ihren eigenen Bedarf durch Handel mit anderen Regionen, die über Reserven verfügen, aufstocken. Es wäre auch denkbar, diese Strategie weiter zu modifizieren, um die großen Unterschiede in der Verfügbarkeit von Biokapazität verschiedener Regionen und Nationen zu mildern.

Der globale Footprint könnte – dies ist Modell Nummer drei – schließlich nach dem Pro-Kopf-Prinzip verteilt werden. Die

Strategie würde allerdings mit weiteren Mechanismen versehen werden, die es Nationen und Regionen ermöglichen würden, über Handelsmechanismen ihre ursprünglichen Konsumstandards einzubringen. Ähnliche Vorschläge gibt es auch in der Klimadiskussion. Der Ansatz würde zwar strikt dem Gleichheitsprinzip folgen, könnte aber in politischen Zwickmühlen enden. Denn Großmächte können kaum gezwungen werden, entsprechende Transferzahlungen an kleinere Staaten zu leisten. Dagegen spricht allein das militärische Ungleichgewicht. Ohne funktionierende Weltregierung würde es schwierig werden. Und jede Region wird darauf pochen, dass sie eigene Bedürfnisse hat.

Verhandlungen, die darauf abzielen, den globalen Footprint zu reduzieren und sich dabei dieser oder vergleichbarer Verteilungsmechanismen bedienen, setzen eine beispiellose globale Kooperationsbereitschaft voraus. Die Schwierigkeiten, die Komplexität und die Kosten eines solchen Unterfangens sind gewaltig. Sie werden nur noch übertroffen durch die Konsequenzen sowohl für die Menschheit als auch für die Ökosysteme, sollte es scheitern.

Daher der Vorschlag, die Welt aus der Sicht aller Ressourcen zu sehen, nicht nur das Kohlendioxid. So wird das Eigeninteresse von Städten, Regionen und Ländern offensichtlicher. Darauf zu warten, wie die anderen reagieren, wird zur Dummheit. Wir wissen mehr über die Zukunft, als wir vielleicht wissen wollen. Die wachsende Ressourcenknappheit ist zur Gewissheit geworden. Städte und Länder, die es versäumen, sich aktiv darauf vorzubereiten, werden leiden. Mit Hilfe der Footprint-Methode kann man errechnen, wie schnell wir uns anpassen sollten und zugleich einen Vergleich mit der realen Transformation ziehen. Die meisten Kommunen und Länder sind aus Ressourcensicht dramatisch unterinvestiert. Sie laufen Gefahr, selber in Knappheiten zu geraten. Bürgermeister und Minister scheinen das aber nicht zu bemerken.

Sie sprechen oft davon, die Welt müsste gerettet werden. Vielleicht sollten sie zuerst einmal ihre eigene Stadt oder ihr eigenes Land retten – das täte der Welt insgesamt auch sehr gut.

Footprint – Case Studies

Footprint-Rechnungen – Individuen, Städte, Länder, Produkte und Unternehmen

Der Footprint als Buchhaltungssystem ist voll skalierbar. Damit hat er ein riesiges Anwendungsspektrum, von der Produktion einer Zahnbürste bis zum Ressourcenverbrauch der gesamten Menschheit.[62] Wenn es um Individuen, Städte, Regionen, Länder und schließlich die Weltbevölkerung als Ganzes geht, ist der entscheidende Bezugsrahmen der Methode die nationale Ebene. Nur so erhält man verlässliche Daten, um ein kohärentes, letztlich globales Bild zu zeichnen. Will man den Footprint für Güter oder Dienstleistungen berechnen, ist die Voraussetzung eine Ökobilanz *(life cycle assessment, LCA)*. Dabei werden alle Ressourcen- und Energieströme erfasst, wie sie bei der Herstellung, der Nutzung und der Deponierung eines Produkts anfallen. Der Footprint erlaubt es, diese Information ökologisch zu interpretieren. Im Resultat ergibt sich stets, wie es dem Wesen der Methode entspricht, ein einziger Wert, ausgedrückt in globalen Hektar.

Individueller Footprint. Millionen Menschen haben bisher im Internet ihren persönlichen Footprint berechnet.[63] Das Ganze dauert nur ein paar Minuten. Man beantwortet Fragen nach den eigenen Lebens- und Konsumgewohnheiten in den Bereichen Wohnen, Mobilität, Ernährung und Konsum. Verfügen Sie über ein Auto? Wie oft essen Sie Fleisch oder Fleischprodukte? In welchem Haustyp wohnen Sie? In einem Ein- oder Mehrfamilienhaus? Ist es gut isoliert? – Das Ganze funktioniert wie ein kleines Quiz. Zum Schluss erhält der Spieler ein konkretes Ergebnis, ausgedrückt in einer Zahl: Wie viele globale Hektar er verbraucht. Und wie viele Erden von Nöten wären, wollte man seinen Lebensstil auf die ganze Menschheit übertragen. Für den berufstätigen Stadtbewohner zum Beispiel sind es vier oder fünf Planeten oder mehr. Mancher Spieler ist über das Ergebnis gar ein wenig erschrocken.

Der Footprint-Rechner besteht aus einer kleinen Software. Als Ausgangspunkt dient zum Beispiel der „Durchschnittsdeutsche" oder der „Durchschnittsamerikaner". Die Länderdaten bilden den entscheidenden Bezugsrahmen der Software. In der einzelnen Berechnung werden nun die Lebens- und Konsumstandards des Individuums aus dem jeweiligen Land mit dem nationalen Durchschnitt verglichen.

Das Ganze ist nur ein kleines Spiel: eine grobe Annäherung an die eigene Lebenswirklichkeit, mit Unschärfen im Detail, aber insgesamt durchaus richtungssicher. Wenn jemand in einem großen Haus wohnt, geht der Footprint-Rechner zum Beispiel davon aus, dass es entsprechend mit Möbeln, mit Teppichen, mit Interieur aller Art ausgestattet ist. Wollte man die persönliche Analyse bis auf die letzte Kommastelle betreiben – das geht! –, bräuchte man jedoch deutlich mehr Informationen und Zeit. Im Rahmen dieses Quiz' macht das wenig Sinn. Der Spieler würde vor dem Computer wahrscheinlich schnell die Lust verlieren.

Der Footprint-Rechner führt regelmäßig zu einem Aha-Erlebnis: So viel Natur ist nötig, wenn es um die Summe der individuellen Ansprüche geht. Das Spiel ist aber in keiner Weise normativ. Der Rechner weist darauf hin, dass wir in einem kollektiven Problem verfangen sind. Individuell schadet uns unser hoher Konsum ja kaum. Er spricht weder Flugverbote aus, noch gibt er Ernährungstipps. Die implizite Botschaft lautet: Wir haben nur diesen einen Planeten und müssen Wege finden, gemeinsam innerhalb seiner Grenzen zu leben.

Der Footprint eines Stadtbewohners wird nach demselben Prinzip bestimmt wie beim individuellen Footprint-Rechner. Den Ausgangspunkt bilden auch hier die Daten des nationalen Durchschnittsbürgers. Dann schaut man, wie weit der durchschnittliche Bewohner einer Stadt davon abweicht. Fährt er weitere Strecken mit dem Auto? Steht ihm mehr oder weniger Wohnfläche zur Verfügung? Wie unterscheidet sich seine Ernährung vom Durchschnitt? Aus der Summe der Abweichungen errechnet sich schließlich das Ergebnis für den einzelnen Bewohner. Nimmt man alle Bewohner zusammen, ergibt sich der Footprint der jeweiligen Stadt.

Der durchschnittliche Berliner benötigt beispielsweise 4,4 globale Hektar, also etwa sechs Fußballfelder an biologisch aktiver Fläche, um sein gewohntes Konsumniveau zu halten und sich seines Abfalls zu entledigen. Summiert man den Verbrauch der Biokapazität aller Einwohner, ergibt sich eine Fläche, die das 168-fache des geographischen Territoriums der Hauptstadt beträgt, anders ausgedrückt: fast die Hälfte der Bundesrepublik Deutschland. Bildlich gesprochen würden die Vorstädte Berlins bis an die Tore von Weimar, Lüneburg und Wismar heranreichen.

Etwa ein Drittel des Footprint eines durchschnittlichen Berliners geht auf das Konto der Ernährung (1,66 globale Hektar), sprich: Es werden Lebensmittel verbraucht, für die viel mehr Fläche auf der Erde benötigt wird, als in Berlin zur Verfügung steht; in der gleichen Größenordnung bewegt sich das Wohnen (1,42 globale Hektar).[64]

Heutzutage weiß man ziemlich genau, wie die Menschen in den industrialisierten Ländern wohnen, was und wie viel sie kaufen, welche Autos sie fahren usw. Schließlich geht es um kommerzielle Interessen. Unternehmen, Marketingabteilungen und Werbeleute wollen wissen, woran sie sind und wo sich ein neuer Supermarkt lohnen würde. Aufgrund der relativ guten Datenlage kann man nicht nur den Footprint von Städten, sondern häufig sogar den von einzelnen Stadtteilen bestimmen.

Nur: Die Zahlen aus unterschiedlichen statistischen Erhebungen passen in der Regel nicht zusammen, sie sind nicht konsistent. Deshalb greifen die Footprint-Berechnungen immer wieder auf die nationale Ebene zurück. Hier ist man methodisch auf verlässlicherem Grund. Denn die nationalen Zahlen werden global vergleichbar erhoben. Dies ist die Elle, die man an die verschiedenen Subebenen, ob Städte, Stadtteile oder Regionen, anlegt. So gelangt man zu sauberen Vergleichen.

Anders als beim individuellen Footprint kann man den Footprint einer Stadt oder einer Region (noch) nicht im *Do it yourself*-Verfahren per Internet erstellen. Dies ist vielmehr die Aufgabe spezialisierter Institute aus dem Kreis der Partnerorganisationen des Global Footprint Network. Einen Schritt weiter ist man bereits beim Stockholm Environment Institute mit seiner Forschungsgruppe im britischen York. Dort hat man eine Software entwickelt, mit deren Hilfe man den Footprint von allen englischen Städten relativ einfach berechnen kann. Sie folgt dabei derselben Grundidee wie der individuelle Footprint-Rechner: Daten eingeben, der Computer rechnet, und fertig.

Ganz so einfach ist die Sache auf der Städteebene freilich nicht. Die entsprechende Software muss an den nationalen Hintergrund angepasst werden. Die Kosten des Verfahrens, insbesondere die der Validierung, sind erheblich. Schließlich sollen die Meinungsführer in der Stadtverwaltung, der Industrie und der Kommunalpolitik sich auf die Qualität der Rechnungen verlassen können. Sie sollen zudem verstehen, was eine Footprint-Analyse leisten kann und was nicht. Standardisierung, Informatisierung und Automatisierung bilden eine entscheidende Perspektive für die Zukunft der Footprint-Methode. Die Benutzerfreundlichkeit wird weiter zunehmen. Moderne Informationstechnik ist der Schlüssel.

Dabei kommt es immer darauf an, dass die Bürger von Städten und Regionen und ihre Repräsentanten ein klares Bild haben: Wie viel Natur brauchen wir? Und woher beziehen wir sie? Wie können wir unnötige Kosten und Abhängigkeiten vermeiden? Nicht zuletzt, wie können wir Ressourcen möglichst klug einsetzen, um eine hohe Lebensqualität zu gewährleisten?

Überraschend ist zum Beispiel, dass die Lebensmittel einen erheblichen Teil des Footprint eines modernen Gemeinwesens ausmachen, mehr als ein Viertel. Wenn eine Stadt auf saisonale und regionale Versorgung aus dem Umland setzt, kann sie dieses Footprint-Segment durchaus senken. Supermärkte mit ihren weit verzweigten Lieferketten und stark verarbeiteten Lebensmitteln sind demgegenüber ziemlich ressourcen- und energieintensiv.

Selbstverständlich findet man auf diesem Feld immer wieder Ausnahmen und Extreme. Mag sein, dass der Footprint eines Apfels aus Neuseeland, der in Europa gegessen wird, unter bestimmten Umständen nicht größer ist als der Footprint eines Apfels aus regionaler Produktion. Äpfel kommen nämlich über den Seeweg. Und der ist relativ effizient. Der neuseeländische Apfel hat aber nur im Sommer eine annehmbare Ökobilanz, weil der vergleichbare heimische Apfel aus dem vergangenen Jahr aufwendig gekühlt und gelagert wird. Im Herbst, mit der frischen Ernte aus der Region, ist der Apfel mit dem kurzen Transportweg dann wieder unschlagbar – auch im Geschmack.

Beim Footprint kommt es wesentlich auf das Gesamtbild an. Und da stimmt die Daumenregel eben doch: Dass nämlich Lebensmittel, die lange Transportwege hinter sich haben, die konserviert, gekühlt und stärker verarbeitet werden, einen größeren Footprint aufweisen als frische und regionale Produkte.

Energie und Kohlendioxid spielen in industrialisierten Städten aus Footprint-Perspektive die Hauptrolle: Sie machen deutlich mehr als die Hälfte der benötigten Biokapazität aus. Deshalb ist es durchaus sinnvoll, wenn eine Stadt in einem ersten Schritt daran geht, ihren Carbon-Footprint zu senken. Dafür gibt es mittlerweile Hunderte von Beispielen, wie Städte dies ebenso pragmatisch wie systematisch in die Hand nehmen.[65] Die Stadt spart Energie und damit Kosten. Zugleich werden die Kohlendioxid-Emissionen gesenkt.

Energie und Kohlendioxid sind aber nur die halbe Miete. Die entscheidende Frage lautet nicht: Wo ist das größte Problem? Ist es das Klima? Ist es die Nahrung? Oder vielleicht das Wasser? Nein, es kommt auf den *gesamten* Stoffwechsel der Stadt oder der Region an, auf das *Und*. Der Footprint misst die Flächen, die ökologische Dienstleistungen bereitstellen, die eine Stadt mit allem versorgen, was sie braucht. Diese Flächen stehen miteinander in Konkurrenz, Knappheiten nehmen zu. Es geht nicht nur um *peak oil*, sondern um *peak everything*. Deshalb kann eine Stadt mit dem Carbon-Footprint durchaus beginnen. Aber sie sollte dabei nicht stehen bleiben. Im eigenen Interesse.

Ausschließlich die Emissionen zu senken, bringt der Stadt, solange es keine strenge Regulierung gibt, nicht viele direkte Vorteile. Aber wenn die Senkung der Emissionen mit Energiesparen verknüpft wird, dazu noch mit vorsichtigerem Wasserverbrauch, lokaler Arbeitsbeschaffung, regionalen Investitionen zur Gewinnung erneuerbarer Energie, dann wird ein Programm daraus, das der Stadt erhebliche Vorteile verschafft.

Nur mit dem Blick aufs Ganze kann es letztlich gelingen, Investitionsentscheidungen für die Stadtentwicklung sinnvoll zu fällen und die Infrastruktur der Städte und Gemeinden zukunftssicher zu machen. So ergeben sich Antworten auf Fragen wie diese: Welches Baumaterial, ob Backstein, Beton oder Holz, ist ökologisch verträglicher und damit auf lange Sicht auch wirtschaftlicher? Worauf müssen Architekten unter den jeweiligen klimatischen Bedingungen besonders achten? Oder: Wie sollte der öffentliche Nahverkehr in unserer Stadt angetrieben werden, mit Gas oder mit Strom?

Für Stadtplaner ist es durchaus kein Geheimnis, dass die kompakte Stadt zugleich die ressourceneffiziente Stadt ist. Die politische Wirklichkeit spricht trotzdem häufig dagegen. Selbst wenn längst absehbar ist, dass das eigene Haus im Grünen durch weite und damit teure Wege über die nächsten Jahrzehnte enorm an Wert verlieren wird – für viele Menschen ist es dennoch der Traum schlechthin. Durch den steigenden Benzinpreis werden dünn besiedelte Gegenden, insbesondere in Teilen der Vereinigten Staaten, zur sozialen Falle. Eines Tages wird die Fahrt zur Arbeit sich nicht mehr lohnen. Dann bleibt für viele nur noch eine ländliche Kümmerexistenz.

Siedlungsstrukturen sind äußerst langlebig. Deshalb ist rechtzeitiges Handeln so wichtig. Der Footprint hilft dabei. Er bringt komplizierte Fragen auf einen einfachen Nenner. Lokalpolitiker und Stadtplaner haben damit ein Instrument in der Hand, um ihr Plädoyer für die kompakte Stadt belegen und kommunizieren zu können. In der kanadischen Stadt Calgary zum Beispiel wurde Jahr um Jahr ein Stadtteil nach dem anderen in die Landschaft hinausgebaut. Erst eine Footprint-Analyse der Stadt und die anschließende Diskussion führten dazu, dass ein Moratorium beschlossen wurde, wonach keine weitere grüne Fläche geopfert werden soll. Neubau findet nur noch auf bereits erschlossenen Flächen statt.

Der Footprint eines Landes ist ein Maß für die Biokapazität, die gebraucht wird, um die Güter und Dienstleistungen, die von den Bürgern des Landes konsumiert werden, bereit zu stellen. Hinzu kommen die Abfälle, die die Menschen hinterlassen. Um sie zu absorbieren, braucht es ebenfalls biologische Kapazität. Auch dieser Teil geht in den nationalen Footprint ein. Güter, die das Land verlassen, werden der Nation zugeschlagen, von der sie konsumiert werden.

Soweit das Prinzip. Aber wie rechnet man das? Wie kann man Autoreifen, Türklinken, Schweinehälften, Versicherungspolicen, Schuhe, T-Shirts, Buntstifte erfassen und vergleichen? Dank der Vereinten Nationen gibt es eine relativ konsistente statistische Dokumentation aller Länder. Sie zeigt nicht nur, wie viel produziert wird, sowohl in der Industrie, wie auch in der Land- und Forstwirtschaft, sondern auch, welche Mengen exportiert und importiert werden. Auf dieser Grundlage kann man berechnen, wie viel Biokapazität im Land selber konsumiert wird. Wie viel Reis „verschwindet" in Kanada? Wie viel Holz? Wie viel Energie? Teilt man diese Mengen durch die Anzahl der Einwohner, ergibt sich der Konsum des „Durchschnittskanadiers". Das Ergebnis ist eine recht stabile Abschätzung. Pro Land und Jahr braucht es für diese Analyse etwa 5 400 Daten aus den UN Statistiken.[66]

Die nationale Ebene der Footprint-Berechnungen ist methodisch bereits weit entwickelt, sie ist die Mutter des Geschäfts. Pflege, Weiterentwicklung und Standardisierung der nationalen Footprint-Berechnungen (*National Footprint Accounts*) liegen beim Global Footprint Network. Ein Beirat von Partnerorganisationen begleitet und überwacht die methodologische Entwicklung dieser nationalen Buchhaltungen.

Theoretisch wäre es durchaus möglich, auch andere Ebenen zur Grundlage der Footprint-Berechnungen zu machen, etwa

Städte. Aber für sie gibt es in aller Regel kein Datenset, das Auskunft über Importe und Exporte von Ressourcen liefert. Außerdem passen die verfügbaren Daten der einzelnen Städte nicht zusammen, sie ergeben kein konsistentes globales Bild. Das leisten derzeit nur die Länderstatistiken der Vereinten Nationen.

Aus diesen Zahlen speist sich dann auch ein zentrales Instrument der Footprint-Berechnungen, die Konsum- und Flächennutzungsmatrix (*consumption - land use matrix*). Auf der nächsten Seite ist das Beispiel des australischen Bundesstaats Victoria:

In der Horizontalen sind die Hauptgruppen des Konsums aufgeführt: Ernährung, Wohnen, Mobilität, Güter und Dienstleistungen. Theoretisch kann man beliebig viele Unterkategorien bilden. Praktisch hängt die Differenzierung der Analyse wieder an der Qualität der Datenlagen und nicht zuletzt vom Budget des jeweiligen Projekts ab.

In der Vertikalen zeigt die Tabelle sechs Landschaftstypen der Footprint-Methode, nämlich Ackerland, Weideland, Wald für Brenn- und Nutzholz, und Wald für die Kohlenstoffabsorbtion der fossilen Energie, bebautes Land, hinzu kommen Wasserflächen für den Fischfang. Die Zahlen an der Schnittstelle von vertikalen und horizontalen Kategorien liefern Antworten auf die Frage: Wie viel produktive Fläche ist notwendig, damit die Natur die jeweilige Dienstleistung, etwa Essen oder Autofahren, zur Verfügung stellen kann? Die Maßeinheit aller Zahlenangaben lautet globaler Hektar[67] pro Kopf. Die Tabelle insgesamt zeichnet das Konsummuster des durchschnittlichen Einwohners von Victoria. Sein Footprint insgesamt liegt bei 6,83 globalen Hektar.

Nationale Footprint-Berechnungen werden derzeit für rund 150 Länder angestellt. Das sind (fast) alle Länder mit einer Bevölkerung von mehr als einer Million Menschen. Den Spitzenwert bilden die Vereinten Arabischen Emirate mit 9,5 globalen Hektar

Consumption Land Use Matrix (CLUM)

in globale Hektar pro Person

	Ackerland	Weideland
Lebensmittel	**0,974**	**0,405**
Vegetarisch	0,805	0,084
Tierisch	0,169	0,321
Wohnen	**0,0030**	**0,0055**
Neubau	0,0030	0,0055
Instandhaltung	0,00002	0,00003
Energie	**0,0007**	**0,0012**
Strom	0,0003	0,0004
Gas	0,0002	0,0004
Feuerholz	0,00000	0,00000
Heizenergie	0,00019	0,00040
Mobilität	**0,008**	**0,015**
Autos und LKW	0,006	0,012
Motorräder	0,0000	0,0001
Busse	0,001	0,001
Personenverkehr mit der Bahn	0,000	0,000
Personenverkehr mit dem Flugzeug	0,001	0,001
Personenverkehr mit dem Schiff	0,000	0,001
Güter	**0,071**	**0,170**
Haushaltsgeräte	0,001	0,002
Möbel	0,003	0,012
Computer und Technik	0,006	0,013
Kleidung und Schuhe	0,020	0,101
Reinigungsmittel	0,0007	0,0029
Papier	0,003	0,006
Tabak	0,0014	0,0018
Diverses	0,036	0,030
Dienstleistungen	**0,089**	**0,116**
Wasser und Abwasser	0,000	0,000
Telefon und Datenverkehr	0,0011	0,0018
Abfall	0,0000	0,0000
Finanz- und Rechtsberatung	0,0016	0,0027
Gesundheit	0,026	0,008
Eigentum und Miete	0,003	0,002
Unterhaltung	0,013	0,007
Gemeinwesen	0,005	0,008
Zivil	0,004	0,005
Militär	0,0012	0,0020
Verschiedene Dienstleistungen	0,039	0,086
Sonstiges	**0,016**	**0,044**
gesamt	1,16	0,76

Wald	CO_2-Land	Bebautes Land	Fischgrund	Footprint von Victoria
0,033	0,399	0,030	0,081	1,92
0,020	0,225	0,018	0,012	1,16
0,013	0,174	0,012	0,070	0,76
0,144	0,173	0,018	0,0025	0,35
0,141	0,172	0,018	0,0025	0,34
0,00336	0,00072	0,00009	0,00001	0,00
0,0035	1,102	0,002	0,002	1,11
0,0014	0,957	0,001	0,001	0,96
0,0007	0,106	0,000	0,000	0,11
0,00048	0,00000	0,00000	0,00000	0,00
0,00086	0,03900	0,00026	0,00010	0,04
0,026	0,600	0,017	0,005	0,67
0,017	0,399	0,013	0,004	0,45
0,0003	0,0026	0,0002	0,0000	0,00
0,002	0,044	0,001	0,000	0,05
0,002	0,014	0,000	0,000	0,02
0,003	0,114	0,002	0,001	0,12
0,002	0,026	0,001	0,000	0,03
0,175	0,496	0,041	0,013	0,97
0,002	0,030	0,002	0,001	0,04
0,060	0,048	0,005	0,001	0,13
0,010	0,130	0,008	0,003	0,17
0,009	0,085	0,010	0,003	0,23
0,0005	0,0044	0,0004	0,0001	0,01
0,080	0,045	0,004	0,001	0,14
0,0011	0,0052	0,0005	0,0003	0,01
0,013	0,147	0,012	0,004	0,24
0,119	0,858	0,152	0,178	1,51
0,001	0,023	0,002	0,057	0,08
0,0051	0,0301	0,0018	0,0005	0,04
0,0001	0,0015	0,0000	0,0000	0,00
0,0046	0,0225	0,0044	0,0012	0,04
0,009	0,078	0,022	0,003	0,14
0,016	0,114	0,006	0,003	0,14
0,005	0,047	0,009	0,091	0,17
0,028	0,101	0,010	0,003	0,15
0,024	0,074	0,008	0,003	0,12
0,0039	0,0274	0,0019	0,0006	0,04
0,050	0,441	0,098	0,018	0,73
0,039	0,179	0,021	0,003	0,30
0,54	3,81	0,28	0,28	6,83

pro Kopf. Das Schlusslicht ist derzeit Malawi mit 0,5 globalen Hektar. Soweit die Nachfrage.

Das Angebot an Biokapazität eines jeden Landes ergibt sich unter anderem aus Satellitenbeobachtungen. Daraus kann man ersehen, wie viel produktive Flächen dem Land zur Verfügung stehen. Diese Daten werden aufbereitet und in die „Währung" globaler Hektar umgerechnet.[68] Aus dem Vergleich von Angebot und Nachfrage kann man schließlich ablesen, ob ein Land ein ökologischer Gläubiger oder Schuldner ist.[69]

Unterdessen hat Global Footprint Network eine beachtliche Zahl von Kooperationen mit Ländern abgeschlossen, um die Methode weiter zu entwickeln beziehungsweise anzuwenden: Belgien, Ecuador, Frankreich, Japan, Schweiz, die Vereinigten Arabischen Emirate, Wales und Schottland.[70]

Footprints von Produkten und Dienstleistungen. Nehmen wir eine Zahnbürste. Wie groß ist ihr Footprint? Mit Länderstatistiken kommt man da nicht weit. Die Frage lautet vielmehr: Woraus besteht die Zahnbürste? Welche Ressourcen und wie viel Energie sind verbraucht worden, bis zu dem Punkt, an dem wir sie im Supermarkt in den Einkaufswagen legen? Man muss sogar noch weiter gehen und bedenken, was geschieht, wenn die Zahnbürste im Hausmüll landet. Wie viel Biokapazität kostet die Entsorgung?

Glücklicherweise gibt es entsprechende Daten mittlerweile für sehr viele Produkte und Dienstleistungen. Die Ökobilanz (*life cycle assessment*, LCA) betrachtet die Umweltwirkungen eines Produkts systematisch, von der Entnahme der Ressourcen aus der Natur, bis zur Deponierung, also von der Wiege bis zur Bahre. Ein ganzer Wissenschaftszweig befasst sich mittlerweile mit unterschiedlichen Verfahren, international normiert.[71]

Eine Ökobilanz funktioniert wie ein umgekehrtes Backrezept. Man schaut den fertigen Kuchen an und fragt: Was braucht man alles dafür? Die Ökobilanz ist nur noch etwas gründlicher. Sie gibt sich mit der Angabe „ein Kilogramm Mehl“ nicht zufrieden, sondern fragt: Woher kommt das Mehl? Wie ist es gemahlen worden? Wie viel Energie ist dabei angefallen? Wie viele Ressourcen sind im Laufe der Verarbeitung bereits verloren gegangen? So verfolgt sie die Lebensgeschichte der Inhaltsstoffe über sämtliche Produktionsstufen hinweg.

Der Footprint für ein durchschnittliches Gericht in einem Restaurant im australischen Bundesstaat Victoria benötigt beispielsweise 61 globale Quadratmeter. Der größte Teil davon entfällt

Der Footprint eines Gerichts im Restaurant

Quelle: EPA Victoria/SEI

auf die Produktion der Lebensmittel selber, Fleisch rangiert dabei ganz oben. Zugleich müssen alle Dienstleistungen, die es braucht, um das Gericht auf den Tisch zu bringen, eingerechnet werden, etwa die Energie zum Kochen.

Diese Ökobilanzen kann man dann aus Footprint-Sicht interpretieren: Wie viel produktive Fläche braucht es, um die Prozesskette am Laufen zu halten? So errechnet sich der Footprint eines jeden Produkts oder einer Dienstleistung.

Was haben wir davon, wenn wir den Footprint eines Produkts wissen? Nehmen wir ein Stück Papier. Die Papierproduktion ist über Jahrhunderte deutlich ressourceneffizienter geworden: weniger Holzfasern, weniger Wasser, weniger Energie pro Kilogramm. Mittlerweile kann Papier auch recycelt werden – oder besser gesagt down gecycelt, denn die Qualität nimmt mit jedem Zyklus ab. Wie oft Papier recycelt wird, geht ebenfalls in die Ökobilanz ein. Mit einer Ökobilanz von Papier kommt man dann relativ einfach zu einem Fooprint-Wert. Nun könnte man beispielsweise fragen: Was würde geschehen, wenn man für die Papierfasern statt Holz in Zukunft Reisstroh verwenden würde? Reisstroh ist ein Nebenprodukt, hier könnte man also einen ökologischen Synergieeffekt erzielen. Rechnet man die Reisstroh-Produktlinie durch, kommt man ebenfalls zu einem Footprint. Nun kann man die beiden Zahlen vergleichen. Und erhält einen Anhaltspunkt, ob die Reisstroh-Alternative unterm Strich etwas bringt.

Der Footprint als aggregierter Indikator bügelt dabei die unterschiedlichen Aspekte der Ökobilanz glatt. Am Ende steht immer eine einzige Zahl. Manchmal freilich muss man die Dinge differenzierter betrachten. Wenn es beispielsweise darum geht, einen Produktionsprozess zu optimieren oder unerwünschte oder gar giftige Stoffe zu vermeiden. Dann geht man vom Footprint wieder zurück in die Ökobilanz. Beide Instrumente ergänzen einander.

Der Footprint bringt den gesamten biologischen, chemischen und energetischen Prozess der Herstellung auf ein menschliches Maß: Wie viel produktive Fläche braucht es, um die Dienstleistung Papier bereitzustellen? Darüber kann man reden. Auch unter regionalen Vorzeichen. Hier zeigt sich wieder die kommunikative Stärke des Footprint. In wirtschaftlichen oder politischen Zusammenhängen ist dies oft die entscheidende Dimension.

Dabei eröffnet sich ein ganzes Feld von Anwendungen. Wie verhält es sich beispielsweise mit der Produktion von Agrartreibstoffen, die aus Zuckerrohr, Mais oder Palmöl gewonnen werden? Benötigen sie mehr oder weniger biologisch produktive Fläche als konventionelles Benzin aus Erdöl? Auf diese Fragen gibt es bereits erste Antworten. Am Beispiel eines VW Jetta und eines Toyota Prius mit einer Jahresleistung von 20 000 Kilometern beanspruchen konventionelle Treibstoffe in der Regel deutlich weniger globale Hektar als Agrotreibstoffe. Dabei wurden zwei Landschaftstypen berechnet, erstens CO_2-Land für den Abbau von Kohlendioxid und zweitens Ackerflächen, wie sie für die Produktion der Energiepflanzen genutzt werden.

Dies ist freilich nur eine erste Abschätzung. Tatsächlich liegen die Dinge komplizierter. Um Palmölplantagen anzulegen, werden zum Beispiel häufig Regenwälder gefällt. Diese binden in hohem Maße Kohlendioxid. Außerdem ermöglichen Regenwälder eine außergewöhnliche Artenvielfalt. Besonders gefährdet ist beispielsweise der Orang-Utan. Das Potenzial geht also verloren und müsste in die Rechnung einbezogen werden.

Der Footprint von Unternehmen und Branchen. Auch Unternehmen müssen sich fragen: Leben wir über unsere Verhältnisse oder bewegen wir uns im Rahmen des Machbaren? Machbar ist dabei ein relativer Begriff. Es kommt darauf an, wie weit man den Kreis der Betrachtung zieht. Nehmen wir beispielsweise ein Auto. Was muss man da alles berücksichtigen? Fokussieren wir nur auf den Ressourcenverbrauch in der Automobilfabrik? Oder berücksichtigen wir auch die vielen Stufen in der Vorproduktion, den Stahl, den Kunststoff und das Gummi für die Reifen? Dann gibt es noch die Nutzungsphase. Beim Auto denkt man zuerst an den Benzinverbrauch. Will man aber alle Umweltauswirkungen in Rechnung stellen, geht es ebenso um die Infrastruktur, um Straßen, Verkehrsanlagen und Brücken. Auch die kosten Ressourcen. Die Frage ist also: Was will man eigentlich wissen?

Die GPT Group[72] ist eine multinational agierende Immobilienfirma mit einem Jahresumsatz von mehreren Milliarden Dollar. Die Gruppe besitzt und betreibt Einkaufszentren in ganz Australien. Die Geschichte beginnt mit einer Umweltbeauftragten des Unternehmens, die errechnet hatte, dass es circa 2 000 Quadratmeter biologisch produktive Fläche pro Quadratmeter Verkaufsfläche braucht. Das Management sah in diesen Zahlen eine Chance, die Rentabilität des Unternehmens zu stärken. Daraufhin suchte GPT nach einer standardisierten Methode, mit deren Hilfe das Ziel einer 20-prozentigen Reduktion des Umwelteinflusses der Liegenschaften bis 2009 erfasst werden kann. Genauer gesagt wollte das Unternehmen die Einflüsse verschiedener Gebäude- und Innenraumgestaltungsentwürfe bei Restrukturierungsmaßnahmen auf Basis ihrer Umwelteinflüsse miteinander vergleichen.

Um diesen Anforderungen gerecht zu werden, entwickelte Global Footprint Network zusammen mit dem Unternehmen eine Software, die zukünftigen Mietern von GPTs Liegenschaften zur Berechnung ihres Footprint zur Verfügung steht. Detaillierte Daten über Rohmaterialen für verschiedene Einzelhandelskategorien (Modegeschäfte, Restaurants, Lebensmitteleinzelhändler etc.) versetzen Global Footprint Network in die Lage, einfache

Fragebögen bezüglich des Footprint unterschiedlich gestalteter Ladenflächen zu entwerfen. Ziel ist es, die Mieter von einer Innenraumgestaltung mit geringem Footprint zu überzeugen.

Diese für GPT entwickelte Berechnungsgrundlage liefert eine praktikable Vergleichsbasis verschiedener Umwelteinflüsse. Die Ladeneinrichtung wird detailliert auf Materialverbrauch und Abfallgenerierung hin untersucht. Dabei werden Kostenersparnis- und Umweltschutzpotenziale identifiziert. Zugleich liefert die Software Ergebnisse hinsichtlich des Fortschritts des Unternehmens für seine Nachhaltigkeitsziele im Sinne eines reduzierten Footprint.

Mittlerweile hat GPT eine Ausschreibung für den Bau eines komplett neuen Einkaufszentrums gewonnen. Ausschlaggebend war dabei nicht das niedrigere Angebot, sondern der Nachweis solider Nachhaltigkeitsziele. Mit Hilfe des Footprint konnte die GPT Group zeigen, dass ihr Entwurf mehr als 20 Prozent weniger Ressourcen benötigt als der der Mitbewerber. Trotz des schwierigen Geschäftsumfelds, bedingt durch die Finanz- und Wirtschaftskrise, hält die GPT Group am Footprint als zentralem Indikator fest.

Ein weiteres Beispiel. Eine Delegation von indischen Wirtschaftsleuten, Mitglieder der Confederation of Indian Industry, war zu Gast beim Global Footprint Network in Oakland, Kalifornien. „Wir haben derzeit neun Prozent Wirtschaftswachstum pro Jahr“, erläuterten sie. „Wir wollen zehn Prozent erreichen. Und das über die kommenden 20 Jahre. Aber wir wollen nicht den Ast absägen, auf dem wir sitzen.“

Die Inder hatten konkrete Fragen. Sie suchten ein Werkzeug, mit dessen Hilfe sie den Druck auf ihre Ökosysteme messen können. Damit beabsichtigen sie, unterschiedliche Branchen – Stahl-, Papier-, Energieproduktion – miteinander zu vergleichen.

Außerdem geht es darum, innerhalb ein und derselben Branche verschiedene Fabriken oder Kraftwerke auf ihren Naturverbrauch hin zu untersuchen und ins Verhältnis zu setzen. Kurz, es geht um ein effizientes Management der indischen Biokapazitäten. Mit dem Footprint ist das möglich.

Ergebnis dieser Zusammenarbeit ist eine Beschreibung des indischen Footprint im Verhältnis zur Biokapazität des Landes. Der durchschnittliche Footprint eines Inders beträgt lediglich 0,9 globale Hektar, dabei ist die Nachfrage äußerst ungleich verteilt. Dem gegenüber steht eine Biokapazität von lediglich 0,4 globalen Hektar pro Kopf. Auch hier geht es weniger um Gerechtigkeitsfragen, sondern um die Beschreibung des Ist-Zustandes und eine Erörterung der Perspektiven. Wie schnell kann man handeln, um die Trends umzudrehen? Trotz der problematischen Botschaft ist der Report bei der Confederation of Indian Industry auf positives Interesse gestoßen.

Footprint in Architektur und Stadtplanung – BedZED und Masdar City

Der britische Architekt Bill Dunster arbeitet bereits seit einer Reihe von Jahren mit dem Footprint. Sein prämiertes Wohn- und Büroprojekt BedZED im Süden von London, fertig gestellt 2002, beruht auf detaillierten Footprint-Berechnungen. In den Prinzipien von ZEDliving[73] (ZED steht für *zero (fossil) energy development)* geht es nicht nur um architektonische Fragen, etwa Dämmung und Heizung von Gebäuden. Wichtig ist auch die Integration von Wohnen und Arbeiten, mit dem Ziel, Wege und Transporte überflüssig zu machen, bis hin zur Versorgung mit Lebensmitteln. Entscheidend ist der gesamte Lebensstil, als Angebot, nicht als Verpflichtung. Nicht nur in Europa, sondern auch in Nordamerika, im arabischen Raum, in Australien und Südafrika[74] werden große Summen in Modellstädte, die der Leitidee *One Planet Living* folgen, investiert.

„Es ist schon eine ganze Weile her", berichtet Bill Dunster, „ich war Architekt, spezialisiert auf Niedrig-Energie-Häuser und Angestellter bei einem großen Unternehmen. Wir bauten damals viele Bürogebäude. Irgendwann wurde mir klar, dass diese Tätigkeit komplett unsinnig war, so lange diese Bürohäuser von riesigen Parkplätzen umgeben waren und wir die aufgewendete Energie für den Personentransport, die Nahrungsmittel der Büroangestellten und für alles andere außen vor ließen. Wir stellten einfach nicht die richtigen Fragen."

Der Traum von Bill Dunster war, die ökologischen Auswirkungen sämtlicher Aktivitäten zu berücksichtigen, angefangen bei der Wahl des Mittagessens, der Art und Weise, wie man zur Arbeit kommt, wie die Gebäude mit Energie versorgt, wie sie geheizt werden, bis hin zur Entscheidung, wie man seine Ferien verbringt. Die Idee war das „komplette Paket".

Über Craig Simmons von Best Foot Forward[75], einem der führenden ökologischen Beratungsunternehmen Europas, kam Bill Dunster Mitte der 1990er zum Ecological Footprint. Wichtig als Bezugsrahmen ist ihm nicht die globale, sondern die nationale, in diesem Fall die britische Ebene. Das Vereinigte Königreich importiert immerhin 70 Prozent seiner Nahrungsmittel und ist relativ dicht besiedelt. Vor diesem Hintergrund entwickelte das Team um Bill Dunster eine ganze Reihe von Lösungsansätzen.

Die Gebäude sollten so gut isoliert sein, dass sie nur noch ein Minimum an Energie benötigen. Diese Menge sollte aus heimischer Biomasse, insbesondere Holzabfällen, gewonnen werden. Flächen für die Nahrungsmittelproduktion werden dabei nicht berührt. Aus demselben Grund suchte man für das Projekt auch ein Grundstück, das bereits einmal bebaut gewesen war – kein Neubau auf der grünen Wiese. Gleichzeitig sollten innerhalb der Siedlung Jobs für alle Bewohner zur Verfügung gestellt werden, also eine integrierte Wohnanlage mit Bürogebäuden. So entfielen der Energie- und Ressourcenverbrauch für den Weg zu Arbeit. Die Bewohner sollten außerdem einen Garten erhalten, typisch für die britische Lebensweise. Das Ganze erbaut mit lokalen Materialien und hervorragend angeschlossen an das öffentliche Verkehrsnetz. Schließlich suchte man einen Bauherrn für die Siedlung und fand die sozial und ökologisch engagierte Peabody Group[76] in London. Das alles wurde in Zusammenarbeit mit der Organisation BioRegional[77] erarbeitet. Zusammen mit dem WWF (World Wide Fund for Nature) hat sie die Idee *One Planet Living* in die Welt gesetzt – inspiriert durch die Footprint-Methode.

BedZED

Bild: zedfactory

Das alles war Neuland. Die Vorarbeiten, vor allem die Planung der vielen Details, waren äußerst zeitaufwendig. Im Jahr 2002 war BedZED schließlich fertig. Bed bezeichnet den Standort Beddington, eine Gemeinde südlich von London, ZED steht für *zero (fossil) energy development*. Die Anlage ist dreistöckig, umfasst rund 100 Wohneinheiten, die nach Süden ausgerichtet sind, dazu Büros, die nach Norden zeigen, außerdem Ausstellungsräume und einen Kindergarten. Inzwischen kann man sagen, dass es gelungen ist, eine bezahlbare, attraktive und ressourcenschonende Pilotanlage zu realisieren, mit viel Glas, Farbe, die sich auch in den Grasdächern zeigt, und überraschenden Formen.

Auffallend sind die bunten Dachreiter. Auf den ersten Blick muten sie wie Schornsteine an, tatsächlich sind sie Bestandteil des hoch effizienten Systems zur Be- und Entlüftung der Gebäude. Sie sorgen dafür, dass frische Luft ins Innere gelangt, gleichzeitig wird verbrauchte Luft abgeführt. Während der Heizperiode ist diese austretende Luft wärmer als die Außenluft. Damit die darin enthaltene Energie nicht verloren geht, wird sie im Inneren der Dachreiter mittels eines Wärmetauschers auf die einströmende Luft übertragen. Üblicherweise benötigt man für diesen Prozess externe Energie, meist Strom für die Ventilation. Der Clou der Dachreiter in BedZED besteht nun darin, dass sie regenerative Energie, nämlich den Wind für den Luftaustausch nutzen.

BedZED ist durchgängig, im wahrsten Sinn des Wortes – also fußgängerfreundlich. Zu dem Projekt gehört auch ein Pool von Autos zur gemeinsamen Nutzung. Private Autos sind durchaus möglich, aber Busse, Bahnen und der Parkplatz des gemeinsamen *car pool* sind eben schneller zu erreichen. „Das ist nicht originell, aber es funktioniert“, sagt Bill Dunster. Seine Philosophie lautet: Ökologische Lebensweise soll attraktiv sein, sie wird gefördert, aber nicht verordnet. Der Architekt teilt die heutigen Bewohner von

BedZED

Bild: zedfactory

BedZED in drei Gruppen: einmal die Überzeugten, die er scherzhaft Ökoheilige nennt, dann diejenigen, deren ökologisches Engagement sich darauf beschränkt, in einem Passivhaus zu wohnen, die ihren übrigen Lebensstil aber beibehalten und schließlich Bewohner, denen ökologische Verantwortung kaum etwas bedeutet.

Fragt man Bill Dunster, wie groß der Footprint der Bewohner von BedZED unterm Strich ist, sagt er, das käme eben auf den Lebensstil an. „Wenn man sich vegetarisch ernährt, wenn man in der Gemeinde arbeitet, wenn man kein Auto besitzt und nicht mit dem Flugzeug in den Urlaub fliegt und wenn dann noch die Systeme zur Gewinnung von erneuerbarer Energie vernünftig arbeiten – dann kann man durchaus einen *one planet lifestyle* führen." Das entspricht einem Footprint pro Kopf von 2,1 globalen Hektar. Die Architektur, die Bauweise der Häuser, vor allem das Energiemanagement, die Art und Weise, wie Gebäude sich zu ihrer Umgebung verhalten, all das ist ein wichtiger Teil vom Ganzen. Der Architekt alleine kann das nicht richten.

Bill Dunster und seine ZEDfactory sind über ihr Pilotprojekt BedZED mittlerweile hinausgegangen.[78] Der Footprint, insbesondere der auf nationaler Ebene, ist dabei die entscheidende Richtschnur. Im Laufe der Jahre sind verschiedene Standards für unterschiedliche Siedlungsdichten entstanden. Die unterste Kategorie umfasst bis zu 15 Wohneinheiten pro Hektar. Neben den ländlichen Wohnformen kennen die ZED-Standards noch städtische und selbst Hochhausstrukturen mit bis zu 240 Wohneinheiten je Hektar. Auf dem Land findet man in der Regel bessere Angebote an erneuerbarer Energie und lokalen Nahrungsmitteln, in urbanen, verdichteten Strukturen sind dagegen die Wege kürzer und die Gebäude kompakter. Unterschiedliche Siedlungsdichten ergeben fundamental andere Ausgangsbedingungen und fordern individuelle Antworten.

In diese Grundmuster sind mittlerweile viele Footprint-Kalkulationen eingegangen, beispielsweise bei der Berechnung unterschiedlicher Materialien. Durch Erfahrung haben sich Prioritäten ergeben, indem man etwa den Betonanteil von Gebäuden minimiert und den Grad der Isolierung maximiert, sei es durch hoch wirksame Verglasung, durch massive Mauern, die im Winter die Raumtemperatur hoch und im Sommer niedrig halten, bis hin zur Dämmung des Fundaments, um Energieverluste des Gebäudes an den Boden zu minimieren. Bei kleineren Projekten greift man in der ZEDfactory pragmatisch auf die vorliegenden Entscheidungsstrukturen zurück. Nur bei größeren Bauvorhaben werden noch komplette Footprint-Berechnungen angestellt – eine Frage des Aufwands und nicht zuletzt der Kosten.

Eine ökologische Bauweise, etwa nach ZED-Standards, erhöht die Baukosten, besonders für die ersten noch innovativen und experimentellen Projekte, auch wenn die Betriebskosten fallen. „Es ist immer günstiger, die eigenen Probleme auf andere abzuwälzen, statt sie auf eigenem Grund und Boden zu lösen", sagt Bill Dunster. Für ihn ist das eines der zentralen Probleme des ökologischen Bauens. Steigende Energie- und Heizkosten sind dabei aus seiner Sicht eher hilfreich. Dadurch verbessern sich die Marktchancen von modernen Gebäuden mit ZED-Standards. Zugleich wächst das Interesse an einer ökologischen, insbesondere energetischen Sanierung der vorhandenen Bausubstanz. Wenn erstmal die Prinzipien der ZED-Standards gut verstanden werden und die Bauwirtschaft weitere Erfahrung damit gesammelt haben sollte, werden die Kosten zum Teil wieder fallen.

Was BedZED besonders auszeichnet ist, dass die Siedlung mit einem klaren Ressourcenziel gebaut wurde – mit der Hoffnung, einen attraktiven Lebensstil zu ermöglichen und mit einem Footprint, der global reproduzierbar wäre. Vieles bei BedZED, wie zum Beispiel die Dachreiter, ist noch im Experimentierstadium. Aber nur so kann man lernen. Die Ressourceneffizienz eines kleinen Projekts mit vergleichsweise wenigen Wohneinheiten wie BedZED reduziert den Footprint Großbritanniens nur marginal. Viel wichtiger ist, welche Anregungen und Inspirationen davon ausgehen. Je ehrlicher die Erfahrung analysiert wird, desto mehr kann man für zukünftige Entwicklungen daraus ziehen.

Die Herausforderungen sind beträchtlich. Falls wir im Jahr 2050 wirklich neun Milliarden Menschen sein sollten, würde das durchschnittliche Naturbudget nur noch 1,2 globale Hektar pro Person betragen, und falls wir die Hälfte für die Artenvielfalt reservierten, wären es nur noch 0,6 globale Hektar pro Kopf. Falls alle Weltbürger gleichen Zugang zur Biokapazität der Welt hätten, müsste der englische Footprint pro Kopf innerhalb weniger Jahrzehnte um einiges unter das derzeitige Niveau von BedZED fallen.

Im Experimentierstadium sind derzeit eine Reihe von Eco-Cities[79]. Der asiatische Raum hat dabei eine besondere Bedeutung, werden dort in den kommenden Jahrzehnten doch Hunderte von Millionenstädten gebaut. Viele dieser Projekte existieren bisher nur auf dem Reißbrett. Einig ist man sich bei den Projekten allerdings in der Idee von *One Planet Living*, die sich auch der WWF zueigen gemacht hat.[80] Die Designprinzipien lauten: Null Kohlenstoff (*zero carbon*), Null Abfall (*zero waste*), nachhaltige Mobilität (*sustainable transport*), lokale und nachhaltige Materialien (*local and sustainable materials*), um die wichtigsten zu nennen.

Während Entscheidungen über Nahrungsmittel und Güter des täglichen Gebrauchs überwiegend beim Konsumenten liegen, sind Fragen der Infrastruktur, der Energieversorgung und der Dichte der Bebauung im wesentlichen Planungsentscheidungen. Und die sind ausschlaggebend für den Grad der Effizienz einer Siedlung.

Deshalb ist vorausschauendes Design der Städte ein Schlüssel für zukunftsfähiges Leben auf diesem Planeten. Der Footprint funktioniert dabei wie ein Kompass.

Nach den genannten Prinzipien von *One Planet Living* wird auch Masdar City in den Vereinigten Arabischen Emiraten gebaut.[81] Ein Staat, der bislang weniger für seine ökologischen Projekte, sondern eher für palmenförmige künstliche Inseln, Unterwasserhotels, für die höchsten Gebäude der Welt und eine enorm energieintensive Infrastruktur bekannt war.[82] Masdar City, die grüne Stadt in der Wüste, ist in diesem Kontext sowohl Experiment wie Vorzeigeprojekt, das durch die Wirtschafts- und Finanzkrise allerdings Verzögerungen hinnehmen muss. Dabei weiß die Regierung des Landes sehr wohl, was in punkto Klimawandel und Ressourcen auf die Welt zukommt. Vor diesem Hintergrund will das Emirat große Summen aus dem Ölgeschäft in grüne Projekte investieren. Die Ölscheichs des Emirats denken langfristig und wollen sich auf eine Zeit nach der Ölgewinnung vorbereiten. Teil des Pakets ist die sechs Quadratkilometer große Masdar City. Dort soll eine technische Hochschule einziehen, die sich ausschließlich dem Thema erneuerbare Energien widmet. Bis 2015 wird die Stadt für 50 000 Einwohner fertig gestellt sein. Entworfen hat sie der britische Stararchitekt Lord Norman Foster.

Masdar City soll eine dicht bebaute, autofreie und fußgängerfreundliche Stadt mit schmalen, schattigen Straßen werden. Die Kühlung erfolgt durch Solarenergie. Die Gebäude sollen nicht höher als fünf Stockwerke werden, nirgendwo soll man weiter als 200 Meter vom nächsten öffentlichen Transportmittel entfernt sein. Trinkwasser wird aus einer solar betriebenen Entsalzungsanlage gewonnen. Grünflächen innerhalb und Ackerflächen außerhalb der Stadt werden mit Brauchwasser versorgt. Die Dächer sind zum überwiegenden Teil mit Solaranlagen ausgestattet. Ziel ist, dass die Stadt innerhalb ihrer Mauern genug Energie für die Eigenversorgung liefert. Ein Zug verbindet Masdar City mit der Hauptstadt des Emirats, Abu Dhabi, ansonsten bewegt man sich in der Stadt zu Fuß oder mit kleinen, fahrerlosen Taxis, die sich auf Gleisen fortbewegen.

Offensichtlich ist auch in Masdar nicht alles gelöst. Die Nähe zum Flughafen wird als Plus gesehen. Aber das ist nicht der Punkt. Es ist eine Investition in die richtige Richtung, wohl wissend, dass konventionelle, moderne Stadtentwicklung Strukturen schafft, die so ressourcenintensiv sind, dass sie an Wert verlieren werden. Abu Dhabi plant ein Atomkraftwerk, da die urbane Infrastruktur zu energiehungrig ist und das Gas von den Ölfeldern nicht mehr ausreicht. Das rüttelt selbst die Technokraten im Governing Council der Arabischen Emirate auf. Und Abu Dhabi ist nicht allein: Dubai und andere Emirate planen Kohlekraftwerke.

Der Footprint als Consultinginstrument in der IT-Branche – Das Beispiel Siemens

Wie groß ist der Footprint einer einzelnen E-Mail oder einer Softwareanwendung? Das sind Fragen, die ein Footprint-Team in Österreich bewegen. Für erste Antworten hat Siemens Österreich konzerneigene Rechenzentren einer detaillierten Footprint-Analyse unterzogen. Die Module der Studie sind so ausgelegt, dass sie den gesamten Ressourcenverbrauch erfassen: das Rechenzentrum selber, die Infrastruktur der Standorte und die Mitarbeiter – bis in die Ernährungs- und Mobilitätsgewohnheiten hinein. Das Ganze wird über ein komplettes Geschäftsjahr gerechnet.

Ziel ist es, mit dem Footprint einen Performance-Indikator für die Informations- und Kommunikationstechnik zu entwickeln. Ein Instrument, mit dessen Hilfe es gelingen kann, den Energie- und Ressourcenverbrauch von IT-Systemen schnell zu erfassen und Optimierungsvorschläge für die Performance hinsichtlich Qualität und Effizienz zu erarbeiten. Angefangen hat Siemens im eigenen Konzern. Die Basisstudie *EcoFit (EcoLOGICAL FOOTPRINT for IT-ASSESSMENT)* zielt jedoch in erster Linie auf den Markt ab, zum Beispiel auf die Beratung von mittelständischen und großen Unternehmen. Damit wird der Footprint in einem High-tech-Sektor zum Standard-Consultinginstrument.

In Sachen Informations- und Kommunikationstechnik ist Siemens in Österreich der größte Outsourcer am Markt. Plant ein mittelständisches oder ein Großunternehmen, IT-Aufgaben an ein Datacenter von Siemens abzugeben, will man dem Kunden innerhalb weniger Wochen sagen können: „Wenn die IT in-house abgewickelt wird, beträgt der Footprint den Wert `x`, wenn die IT zu Siemens ausgelagert wird, beläuft sich der Footprint auf den Wert `y`."

Die andere Seite des Businessmodells zielt eher auf die Beratung ab. Will der Kunde seine IT-Abteilung weiterhin selber betreiben, bietet Siemens ihm mit Hilfe des Footprint ein schnelles Assessment seiner Strukturen und Prozesse an. Ist der Energieverbrauch in einem Rechenzentrum zum Beispiel untypisch hoch, muss man auch mal mit der Wärmekamera in die Räumlichkeiten hinein, um die Schwachstellen genau lokalisieren zu können. Aber die signifikanten Werte – Liegt es an der Kühlung? Oder an den Servern? Oder woran sonst? – liefert der Footprint. Er gibt zugleich Hinweise, wie groß die Effizienzpotenziale sind, die man über eine Neuorganisation realisieren kann. Auf Grundlage der Footprint-Berechnungen will Siemens Österreich auch das umfangreiche Umweltportfolio seiner drei Unternehmenssektoren vermarkten: vom Energiemanagement, über Energy Contracting, bis hin zu einer neuen Turbine für ein Kraftwerk.

Aus Ressourcensicht schlägt im IT-Bereich der Energieverbrauch am stärksten zu Buche. Da ist es schon bemerkenswert, dass das Team von Siemens um Roland Beck und Peter Wörgötter in Wien sich nicht für einen energiezentrierten Indikator entschieden hat, sondern für den Footprint: „Wir wollen da mehr bieten. Als Maßzahl ist der Footprint sehr gut, weil wir knackige Zahlen haben, die plakativ darstellbar sind."

Es geht um Performance, aber auch um Kommunikation. Im Rahmen des Service-Angebots *IT for Sustainability Consulting* will sich Siemens dahingehend positionieren, dass der Konzern für Kunden, die sich die Werte von Corporate Social Responsibility zueigen gemacht haben, ein wichtiges Zusatzargument für eine Zusammenarbeit liefert. Und das ist die Naturverträglichkeit in einem weiteren Sinne, bei der nicht nur die Energie zu Buche schlägt, sondern der gesamte Betrieb, einschließlich der Mitarbeiter und jenen Lebensgewohnheiten, die mit ihrem Arbeitsumfeld zusammenhängen beziehungsweise durch dieses bestimmt werden.

Im Frühjahr 2009 haben Beck, Wörgötter und ihr Team das Grundmodell ihrer Studie *EcoFit* (*EcoLOGICAL FOOTPRINT for IT - ASSESSMENT*) vorgelegt. Zusammen mit dem GFN-Partner SERI[83] und dem österreichischen Netzwerk Plattform Footprint[84] haben sie zwei Siemens-Rechencenter in Wien und Neutal einer Footprint-Analyse unterzogen.

Die größte Schwierigkeit, so stellte sich heraus, war die unbefriedigende Datenlage. Hersteller von Servern konnten beispielsweise keine Angaben darüber liefern, wie viel graue Energie (*embodied energy*) für die Produktion der Rechner verwendet wurde. Das Wiener Footprint-Team machte sich selber ans Werk. Es untersuchte einen handelsüblichen PC, rechnete die zusätzlichen Hardwarekomponenten für einen Server hinein und ermittelte so den durchschnittlichen Footprint eines Servers „wie er bei uns steht". Die Datenlücken warfen das Projekt immer wieder zurück. Es dauerte, bis man alle Leerstellen gefüllt hatte, manche Teile der Analyse beruhen immer noch auf Schätzungen.

Fragt man Beck und Wörgötter: Vertrauen Sie denn den Ergebnissen ihrer Studie? lautet die Antwort: „Es gibt derzeit keine besseren Daten!" Mit *EcoFit* wollen sie zugleich einen Beitrag für Global Footprint Network zur Entwicklung der Footprint-Standards für Unternehmen und Produkte liefern. Und sie sind noch lange nicht fertig. Die Grundstudie modelliert den Basisbetrieb der Siemens-Rechenzentren, samt Betriebsmannschaft für den Leitstand und der Überwachung des Serverbetriebs. In der nächsten Stufe will man auf die konkreten IT-Dienstleistungen fokussieren und herausfinden, wie groß beispielsweise der Footprint einer E-Mail oder einer Softwareanwendung ist. Dabei verschieben sich die Gewichte im Gesamtressourcenverbrauch. Beim Basisbetrieb ist der „menschliche Faktor“ des Footprint eines Rechenzentrums relativ klein, er beträgt lediglich fünf Prozent. Rechnet man dagegen konkrete Anwendungen hinein, wächst der Stellenwert der IT-Mitarbeiter in der Gesamtrechnung: Man braucht einfach mehr Leute.

Das wichtigste Analyseinstrument ist ein Fragebogen, der auf Basis der Studienerkenntnisse zusammengestellt wird. Vielleicht werde man nicht mit 30 Fragen auskommen, wie beim Personal Footprint Calculator, sagen die Siemens-Leute, aber mehr als 70 Positionen sollen es nicht sein. Der Fragebogen soll das zentrale Instrument für das bereits erwähnte schnelle Assessment von IT-Systemen werden. Über die kommenden ein, zwei Jahre soll der Footprint so zu einem Standard-Consultinginstrument werden. Das Angebot an die Kunden lautet: „Wenn Sie bestimmte Kostenpositionen und die Qualität verbessern, dann ist es auch möglich den Footprint maßgeblich zu optimieren.“

Die konkrete Perspektive ist dabei immer die des IT-Verantwortlichen. Dinge, die er direkt beeinflussen kann, rechnet man bei den Wiener Spezialisten von Siemens der „Sphere of Accountability“ (also dem Verantwortungsbereich der IT Abteilung des Unternehmens) zu. Das kann die Entscheidung für einen bestimmten Server-Typ sein oder auch, die Temperatur im Rechnerraum um zwei Grad zu heben und damit den Aufwand für die Kühlung zu reduzieren. Der IT-Verantwortliche kann aber möglicherweise nicht darüber entscheiden, wo der Strom eingekauft wird. Bei *EcoFit* fällt das in die Sphere of Responsibility (in den

Einflussbereich einer anderen Abteilung als der IT Organisation beziehungsweise der Gesamtleitung des Unternehmens). In der Praxis sind Accountability und Responsibility oft nicht scharf zu trennen. Das hängt von den Strukturen des jeweiligen Unternehmens ab. Deshalb müssen die Parameter beim Kunden individuell eingestellt werden.

Apropos Stromversorgung. Die Modellierung der beiden Siemens-Referenzzentren kommt zu einem verblüffenden Ergebnis: Eine einzige Maßnahme, nämlich der Wechsel hin zu einem Ökostromanbieter, würde den Footprint für den Betrieb der IT-Zentren von 3193 auf 828 globale Hektar senken. Also um den Faktor vier! Die Erklärung ist einfach: Der Stromverbrauch der Rechenzentren beansprucht mit Abstand den größten Ressourcenverbrauch, rund 75 Prozent. Zugleich ist Österreich durch seine Gebirge geologisch im Vorteil. Es gibt Anbieter, die Strom vermarkten, der vollständig aus alpiner Wasserkraft gewonnen wird. Und dessen Footprint tendiert, verglichen mit Strom aus fossilen

Sphären

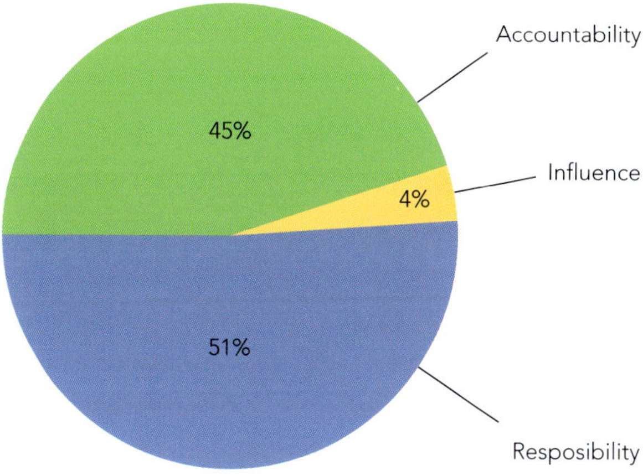

Quelle: Siemens

Quellen, gegen null. Bei der Wasserkraft spielen nur die Flächen für den Stausee und die Kraftwerktechnik hinein.

Steigt Siemens mit seinen Rechenzentren nun selber auf Ökostrom um? „Das ist eine gute Frage", erwidern Beck und Wörgötter. Der Footprint weist eindeutig in diese Richtung, nun ist Accountability gefragt.

Mit Hilfe des Footprint hat das EcoFit-Team ein Szenario errechnet, das den Wechsel vom aktuellen Strommix hin zu reinem Ökostrom durchspielt. Damit verschieben sich die Gewichte der Footprint-Anteile in den Rechenzentren deutlich. Der direkte Energieverbrauch, insbesondere der für die Klima- und Lüftungsanlage, ist nicht weiter Spitzenreiter im Ressourcenverbrauch. Nun ist es die graue Energie, die bei der Herstellung von Gebäuden und IT-Hardware angefallen ist. Weitere Energiesparmaß-

Footprint Siemens-Rechenzentrum

Ist-Zustand

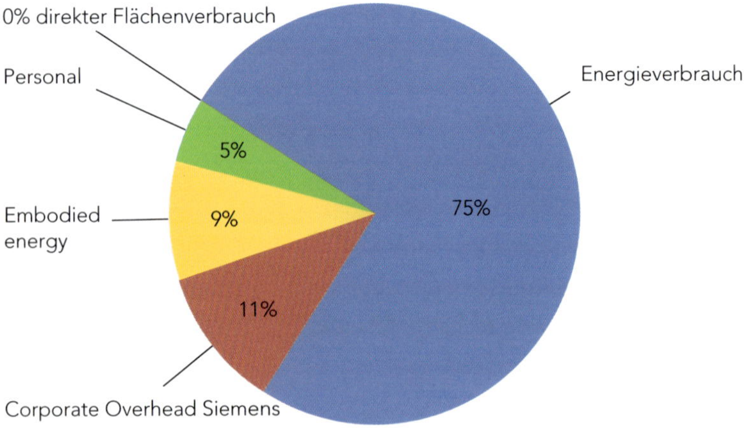

Quelle: Siemens

nahmen müssten nach der Umstellung auf Ökostrom verstärkt beim Einkauf von IT-Komponenten ansetzen. Dabei wäre darauf zu achten, dass sie möglichst ressourcen- und energieschonend hergestellt werden.

Wenn man den Footprint der Rechenzentren vor und nach dem Stromanbieterwechsel miteinander vergleicht, ist auch der Ressourcenverbrauch der Mitarbeiter gestiegen. Bislang schlagen sie, wie erwähnt, mit rund fünf Prozent zu Buche. Im Ökostrom-Szenario wächst dieser Anteil auf rund 20 Prozent des Gesamtverbrauchs. Mobilität und Ernährung geraten damit weiter ins Zentrum des Interesses. Wie weit das Unternehmen darauf allerdings Einfluss nehmen kann, ist eine andere Frage. Der Footprint benennt die Fakten. Schlüsse aus den Ergebnissen zu ziehen, ist Sache der Anwender.

Footprint Siemens-Rechenzentrum

nach Umstellung auf Ökostrom, hochgerechnet

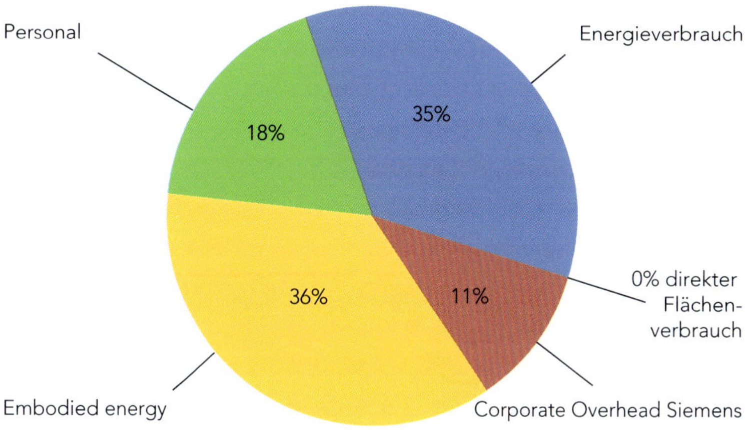

Quelle: Siemens

Chinas Footprint – Ein neues Entwicklungsmodell?

Wirtschaftswachstum alleine, das ist der chinesischen Führung mittlerweile klar, kann nicht die Zukunft des Landes sein. Die ökologischen Schäden, die die rasante Entwicklung Chinas mit sich gebracht hat, sind unübersehbar. Ja, sie bedrohen die ökonomische wie soziale Entwicklung selber. Mittlerweile umfasst der Footprint des Riesenreichs „zwei Chinas". Seit einigen Jahren gibt es nun ernsthafte Bestrebungen, eine nachhaltige Entwicklung des Landes einzuleiten. Die Schwierigkeiten auf diesem Weg können gar nicht überschätzt werden. Während der vergangenen Jahre bereits glich die gesellschaftliche Entwicklung einem Drahtseilakt: Industrialisierung, Urbanisierung, Umbau der Ökonomie in Richtung Marktwirtschaft, Öffnung gegenüber dem Weltmarkt – dies alles mit einer Geschwindigkeit, wie man sie sich in anderen Teilen der Welt nur schwer vorstellen kann. Eine detaillierte Footprint-Studie[85] hilft bei der ökologischen Buchführung und zugleich bei der Einleitung eines tiefgreifenden Umbaus des chinesischen Entwicklungsmodells.

Chinas Geschichte über die vergangenen 40 Jahre ist eine Wachstumsgeschichte. Seit 1961 hat sich die chinesische Bevölkerung verdoppelt, verdoppelt hat sich in dieser Zeit aber auch der Footprint pro Kopf, insgesamt stieg die Nachfrage nach Biokapazität also um das Vierfache. Zu Beginn der 1960er rangierte China mit seinem Footprint pro Kopf noch auf dem 114ten Platz in der Liste der Nationen. Heute gibt es nur noch ein Land auf der Erde, das mehr Natur verbraucht, nämlich die Vereinigten Staaten. Chinas ökologisches Defizit ist mittlerweile das größte der Welt. Dabei verdoppelt sich das Bruttoinlandsprodukt beim gegenwärtigen Wachstum etwa alle sieben Jahre.

Als Deng Xiaoping 1978 seine „Reform ohne Tränen" in Gang setzte, ließ er die kommunistisch geprägte Staatsindustrie zwar bestehen, um sie herum baute er jedoch eine de facto private Industrie auf. Der Anteil der Staatswirtschaft ist mittlerweile deutlich gefallen. Der Arbeitsmarkt verschiebt sich in gigantischen Dimensionen. Die Staatsindustrie entlässt jährlich Millionen Menschen, gleichzeitig drängen neue Arbeitskräfte auf den Markt. Neue Arbeitsplätze aber können nur aus der Privatwirtschaft kommen: ein gewaltiges gesellschaftliches Experiment, ohne soziales Netz. Die Hauptlast tragen traditionelle Familienstrukturen, sie leisten ein Minimum an sozialem Ausgleich.

Der chinesische Aufholprozess ist ein historischer Kraftakt sondergleichen. Industrialisierung und Urbanisierung, für die Europa annähernd zwei Jahrhunderte Zeit hatte, wollen die Chinesen in wenige Jahrzehnte pressen. Gleichzeitig läuft die Transformation in Richtung Marktwirtschaft auf vollen Touren. Die Geschwindigkeit der Entwicklung der Boomregionen im Süden des Landes macht viele westliche Beobachter schwindelig. Shanghai ist auf dem besten Weg, New York als Glitzermetropole den Rang abzulaufen. Die Fernsehbilder des aufstrebenden Chinas sollten aber nicht vergessen machen: Der weitaus größte Teil der chinesischen Bevölkerung, 900 Millionen Menschen, lebt nach wie vor auf dem Land. Eine riesige Landflucht, mit all ihren Folgen, etwa einer Massenverelendung in den Städten, gilt es zu verhindern. In kaum einem anderen Land nimmt die gesellschaftliche Polarisierung so schnell zu wie in China. Die chinesische Regierung sieht mit Sorge, dass Umweltzerstörung und Konflikte um knappe

Ressourcen zu sozialen Unruhen führen können. Ihre Antwort darauf hieß bisher immer: Wirtschaftswachstum.

Diese Politik hat in China bereits zu schweren Schädigungen von Mensch und Natur geführt. Viele chinesische Städte leiden unter erheblicher Luftverschmutzung, 31 der 50 schmutzigsten Städte weltweit liegen in der Volksrepublik. Erkrankungen der Atemwege, darunter Lungenkrebs, stehen in den Statistiken mittlerweile ganz oben. Die massenhafte und weiter steigende Nutzung der heimischen Kohle ist die Hauptursache für die Luftverschmutzung. Auf einem Drittel des chinesischen Territoriums geht saurer Regen nieder, eine Folge der Emissionen von Schwefeldioxid und Stickoxiden. Das Land befindet sich zudem bereits in einer Wasserkrise. Zwei Drittel der chinesischen Städte haben mit Wasserknappheit zu kämpfen, ein Engpass sowohl für die ökonomische wie die soziale Entwicklung des Landes. Hinzu kommt eine dramatische Verschmutzung der Flüsse. Sauberes Trinkwasser ist in China ein rares Gut. Als Folge des Klimawandels erwartet man langfristig ein vollständiges Abschmelzen der tibetischen Gletscher und stärkere Taifune. China ist somit Verursacher wie Opfer des Klimawandels.

Bildet man über die riesige und immer noch wachsende Kluft in den Konsumstandards der chinesischen Bevölkerung einen Mittelwert, kommt man auf den bereits erwähnten Footprint pro Person von 2,1 globalen Hektar. Damit liegen die Ansprüche eines Chinesen deutlich unter denen eines Europäers oder Australiers. Aber wenn viele Menschen in China oder gar im asiatisch-pazifischen Raum – der Lebensraum der Hälfte der Menschheit – nur ein wenig mehr Fleisch essen, hin und wieder Bier trinken, Auto statt Fahrrad fahren, hat das sehr wohl Auswirkungen auf den gesamten Planeten.

China verfügt aber auch über große natürliche Reichtümer. Die Biokapazität der chinesischen Äcker ist die zweithöchste unter allen Nationen der Welt. Die chinesischen Weideflächen übertreffen die aller OECD-Staaten zusammen. Chinas Wälder produzieren 1,6 Mal mehr Holz als sämtliche Forstflächen Europas. Wald ist zugleich die einzige chinesische Landschaftsform, die kein ökologisches Defizit aufweist.[86] Trotzdem sind die Trends in diesem Bereich negativ. Eine kleine Reserve von Fischgründen hat sich bereits in ein Defizit verwandelt. Aus den Zahlen geht noch mal deutlich hervor, welche bedeutende Rolle der Carbon-Footprint spielt. Er macht fast die Hälfte der chinesischen Nachfrage nach Biokapazität aus: Kohlendioxid-Emissionen, die China, wie viele andere Länder auch, nicht selbst absorbiert und damit den globalen Ökosystemen anlastet. Das kommt einem Import von ökologischen Dienstleistungen gleich. Gemessen an den globalen Entwicklungen, sind die Veränderungen, die man am chinesischen Footprint und der Biokapazität des Landes ablesen kann, außerordentlich schnell. Bereits seit Anfang der 1970er, auch das wurde bereits erwähnt, lebt China mit einem ökologischen Defizit, zugleich mit den eigenen, begrenzten Möglichkeiten, dieses Defizit über Ressourcenimport auszugleichen.

Die ökologischen Grenzen wurden spürbar. Deswegen ist es wohl kein Zufall, dass die chinesische Führung wenige Jahre später die Ein-Kind-Politik eingeführt hat, ein drastisches Mittel der Politik, in anderen Teilen der Welt kaum vorstellbar. Bei einer relativ stabilen Bevölkerung ist die Gefahr von Hungersnöten, wie China sie immer wieder erlebt hat, deutlich schwächer. Die Biokapazität pro Kopf in China ist etwa 20 Prozent geringer als die der Niederlande, gemessen am deutschen Wert beträgt sie rund 50 Prozent. Allerdings, reiche Länder können sich Importe besser leisten als arme.

In der Folge nimmt China mittlerweile doppelt so viel Biokapazität in Anspruch, wie die eigenen Ökosysteme bereitstellen können – „zwei Chinas“.

Im Delta des Perlflusses verschmelzen heute Hongkong, Shenzhen, Kanton, Zhuhai und Macaou zu einer 40-Millionen Megastadt. Vor nicht allzu langer Zeit lebten in den Sümpfen noch Reiher, Fischerdörfer säumten die Küsten. Heute drängen sich im Umkreis von 100 Kilometern fünf Flughäfen und 41 Häfen. Sie sind das Einkaufsparadies von Ikea, Wal-Mart und dem Otto-Versand. Die Fabriken dort tragen Namen wie *Wohlstand für die Massen* oder einfach nur *Frieden.*

Die Handelsstatistiken des Riesenreichs zeichnen ein überaus deutliches Grundmuster: Rohstoffe werden importiert, Produkte exportiert. China kauft zum Beispiel Wolle in Australien und Neuseeland. Im Land wird sie zu Stoffen und Kleidungsstücken verarbeitet. Die gehen dann vornehmlich in die Vereinigten Staaten und nach Japan. Insgesamt repräsentierten die chinesischen Importe im Jahr 2003 rund 480 Millionen globale Hektar an Biokapazität. Demgegenüber stehen Exporte von 350 Millionen. Die Differenz beträgt folglich 130 Millionen globale Hektar. Auch daraus erklärt sich das erhebliche ökologische Defizit des Landes.

Zugleich wird deutlich, in welchem Maße die Entwicklung des Landes vom Ressourcenzufluss abhängt. Über Jahrhunderte hatte sich das feudale China in eine selbst gewählte Isolation begeben, seine Wirtschaft war weitgehend autark. Das heutige China dagegen braucht stabile und sichere Handelsbeziehungen wie die Luft zum Atmen, in Zukunft sogar noch mehr. Aus den USA importiert China vor allem Getreide, Holz und Fasern, unter anderem für die Papierproduktion. Australien wiederum ist einer der Hauptabnehmer der chinesischen Papierfabriken. Aus all dem ergeben sich beeindruckende Ressourcenströme von und nach China.

Footprint-Studien haben in China bereits Tradition. Die erste stammt aus dem Jahr 1999, mittlerweile sind es mehrere dutzend.

Footprint des chinesischen Handels

am Beispiel der 20 wichtigsten Handelspartner

Importe

China importiert insgesamt 541 Millionen globale Hektar.
Das entspricht 3,6 % des globalen Footprint. Davon stammen 91 % aus 20 Ländern.

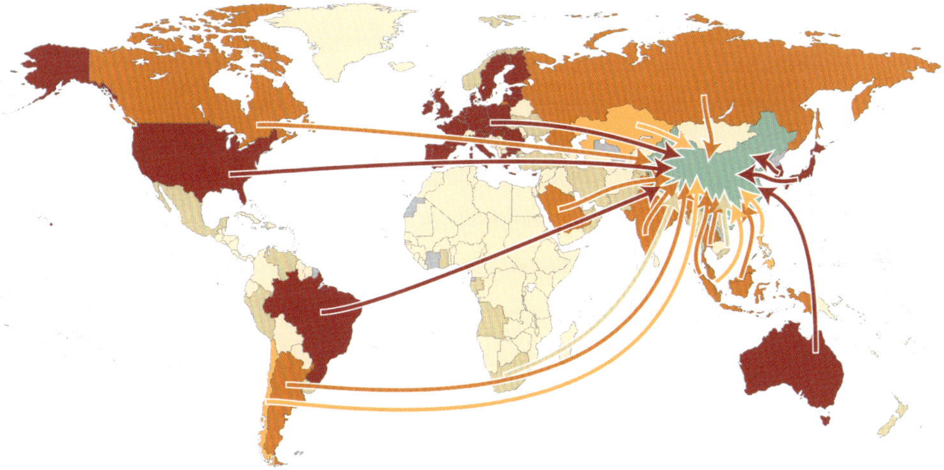

Exporte

China exportiert insgesamt 375 Millionen globale Hektar.
Das entspricht 2,5 % des globalen Footprint. Davon gehen 88 % in 20 Länder.

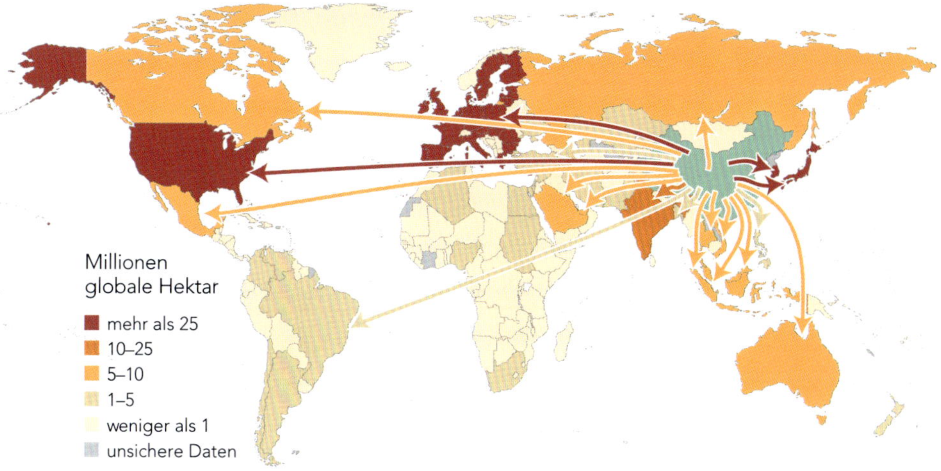

Die wissenschaftlichen Ergebnisse finden Eingang in Entscheidungen der Regierung. Dabei ist sie sich der Herausforderungen durchaus bewusst. Bereits heute werden die Folgekosten der ökologischen Probleme auf acht bis zehn Prozent des Bruttoinlandsprodukts geschätzt. Das entspricht in etwa dem jährlichen Wirtschaftswachstum – ein Nullsummenspiel. China hat deshalb in jüngster Zeit auf einer Vielzahl von Feldern strukturelle Veränderungen und umweltpolitische Reformen eingeleitet.

Global Footprint Network hat im Jahr 2008 zusammen mit chinesischen Akademikern und dem chinesischen Büro des WWF (World Wide Fund for Nature) für den CCICED (China Council for International Cooperation on Environment and Development), ein internationales Beratungsgremium der chinesischen Nationalregierung, eine Studie angefertigt. Sie schlägt eine integrierte Strategie für den chinesischen Weg in Richtung Nachhaltigkeit vor.

Einer der zentralen Punkte darin ist, kompakte Städte mit kurzen Wegen, effizienten öffentlichen Verkehrsmitteln und geringem Energieverbrauch zu schaffen. Bei der unglaublichen Geschwindigkeit der Urbanisierung verwundert das kaum: Bis zum Jahr 2020 werden weitere 220 Millionen Chinesen zu Städtern. Mit anderen Worten: 220 Millionenstädte innerhalb weniger Jahre! Vor diesem Hintergrund wird die Bedeutung von Eco-Cities einmal mehr deutlich.

Ein weiterer Ansatz setzt auf die Stärkung der Kreislaufwirtschaft. Das beginnt im Kleinen, wenn agrarische Produktionsstrukturen von Pflanzen- und Tierproduktion sowie Fischfang verkoppelt werden, um Stoffkreisläufe zu schließen. Das geht weiter bei Industrieparks mit optimiertem Stoffstrommanagement und führt schließlich zu Bestrebungen auf Städte- und auf nationaler Ebene. Die Stichworte hierzu: integriertes Management von Reststoffen und damit Wiederverwendung von Material, optimierte

Transportsysteme, dazu ein Preissystem, das die ökologische Wahrheit sagt, und Förderung moderner sauberer Technologie.

Mit im Paket sind Bestrebungen, die auf den so genannten ökologischen Rucksack fokussieren. Der Terminus geht zurück auf Friedrich Schmidt-Bleek[87] und umfasst den gesamten Ressourceneinsatz, der mit der Produktion von Gütern und Dienstleistungen einhergeht. Der Ansatz zielt somit auf eine systemische Betrachtung der Stoffströme, erneuerbarer, wie nicht erneuerbarer, und nicht zuletzt auf deren Optimierung. Das gilt insbesondere für die chinesische Landwirtschaft, deren Footprint über die vergangenen zwei Jahrzehnte durch den verstärkten Einsatz fossiler Energie, insbesondere für Kunstdünger, deutlich gestiegen ist. Wie man diesen Einsatz zurückfahren kann, ohne die Produktivität der Flächen zu mindern, ist eine weitere Frage in der chinesischen Nachhaltigkeitsstrategie.

China hat offiziell bereits einen „Pfad der grünen Reformen" eingeschlagen. Die so genannte Xiaongkang Society (Gesellschaft mit bescheidenem Wohlstand) soll bis 2020 Wirklichkeit werden. Ziel ist es, die Vervierfachung des Bruttoinlandsprodukts mit sozialer Harmonie und der Bewahrung der Umwelt in Einklang zu bringen. Gleichzeitig wird aber auch die chinesische Bevölkerung wachsen, von derzeit 1,3 auf 1,45 Milliarden im Jahr 2020. Der Footprint kann helfen, diese Entwicklung in China zu beschreiben. Dabei wird es wesentlich darauf ankommen, Wege zu finden, die dazu beitragen, das ökologische Defizit des Landes zu verringern.

Afrikas Footprint – Eigene Ressourcen sichern

Holz, Öl, Diamanten – in einer zunehmend ressourcenknappen Welt richten sich die Begehrlichkeiten vieler Industrie- und Schwellenländer auf Afrika. Schaut man sich den Footprint des gesamten Kontinents an, stellt man fest: Noch ist Afrika ein ökologischer Gläubiger, aber die Ressourcendecke ist dünn. Viele afrikanische Staaten sind bereits in den Zustand des ökologischen Defizits gefallen. Bei relativ konstantem Pro-Kopf-Footprint, aber weiter steigender Bevölkerung, wird die ökologische Situation zunehmend kritisch. Die Perspektive für den schwarzen Kontinent ist aus Footprint-Sicht[88] eindeutig: Wichtig ist, dass die Regionen und Staaten ihre Ökosysteme bewahren und sinnvoll managen – für die Absicherung der eigenen Existenz. Denn Biokapazität zuzukaufen wird immer schwieriger.

Im Jahr 2005 lebten in Afrika 14 Prozent der Weltbevölkerung. Der Anteil der Afrikaner zum globalen Footprint betrug lediglich sieben Prozent. Wenn im selben Jahr alle Menschen dieser Welt auf vergleichbarem Niveau konsumiert hätten wie die Afrikaner, hätte die Menschheit nicht 135 Prozent der globalen Biokapazität genutzt, sondern weniger als 70 Prozent. Warum sollte Afrika sich also Sorgen um das Thema Overshoot machen?

Aus Footprint-Sicht ist der afrikanische Kontinent in einer besonderen Situation. Der Pro-Kopf-Footprint seiner Bewohner ist über Jahre hinweg relativ konstant geblieben und liegt derzeit bei 1,4 globalen Hektar, ein deutlich niedrigeres Niveau als in vielen anderen Regionen der Welt.[89] Afrikaner nehmen, gemessen am globalen Durchschnitt, nur etwa die Hälfte an Biokapazität in Anspruch. Wer allerdings bei Afrikas Natur an weite Savannen und üppige Regenwälder denkt, auf den muss der Wert des Angebots an Biokapazität eher ernüchternd wirken: 1,8 globale Hektar pro Kopf. Zum Vergleich: Global stehen jedem Menschen im Schnitt 2,1 globale Hektar zu Verfügung.

Der entscheidende Grund für das geringe Pro-Kopf-Angebot an Biokapazität ist das außerordentlich schnelle Wachstum der

Afrikas Biokapazität und Ecological Footprint

in Milliarden globale Hektar

Afrikas Bevölkerung

in Milliarden

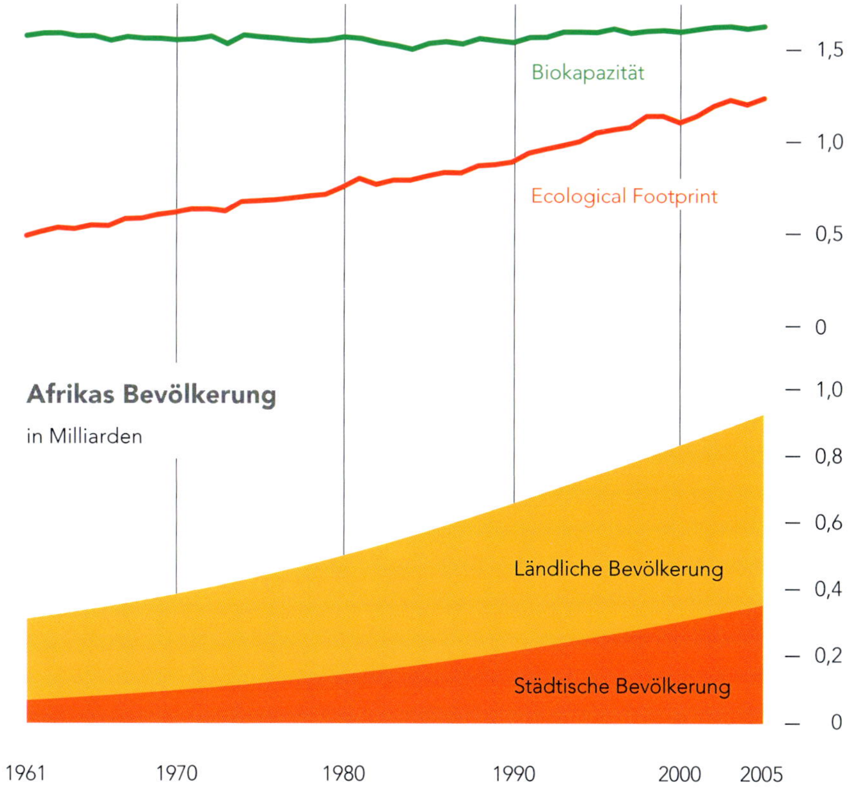

Quelle: Global Footprint Network/ FAO/World Bank

Bevölkerung während der vergangenen Jahrzehnte. Von 1961 bis 2005 hat sich die Anzahl der Afrikaner verdreifacht. In derselben Zeit ist auch der Footprint des Kontinents gewachsen, nämlich um das Zweieinhalbfache. Wenn die gegenwärtigen Trends anhalten, wird Afrika als Ganzes relativ bald in ein ökologisches Defizit fallen, zum ersten Mal in seiner Geschichte.

Moderate Projektionen der Vereinten Nationen gehen davon aus, dass die afrikanische Bevölkerung sich bis zur Mitte des Jahrhunderts ein weiteres Mal verdoppeln und damit annähernd zwei Milliarden Menschen betragen wird. Heute bereits befinden sich viele afrikanische Staaten im roten Bereich: Sie sind ökologische Schuldner. Absehbar könnten in Zukunft weitere dazu gezwungen werden, Raubbau an der eigenen Biokapazität zu betreiben oder sich vom Import aus anderen Ländern abhängig zu machen. Mit begrenzten Ressourcen auf globaler Ebene dürften Rohstoffe aber zunehmend teurer und für Staaten mit niedrigem Pro-Kopf-Einkommen unerschwinglich werden. Auch deshalb ist es für diese Staaten entscheidend, ihren Footprint innerhalb der eigenen Kapazitäten zu halten und, wenn immer möglich, eine ökologische Reserve vorzuhalten. Sie ist eine Garantie dafür, dass diese Länder ihre Entwicklung weiter verfolgen können, auch in Krisenzeiten, und nicht zurückgeworfen werden, weil Ressourcen fehlen.

Beispiel Niger, eines der ärmsten Länder der Welt, dazu heiß und trocken. Die überwiegenden Teile Nigers sind Wüstengebiete. In den Sahara-Regionen ist Landwirtschaft nur in Oasen möglich, durch künstliche Bewässerung. Im Südwesten des Landes, wo der Fluss Niger das gleichnamige Land durchzieht, gibt es eine kurze Regenzeit. Allerdings kann der Niederschlag sehr ungleichmäßig ausfallen. Hauptprodukte sind verschiedene Hirsearten, dazu Bohnen und Erdnüsse. Der überwiegende Teil der Nigerianer lebt in ländlichen und regionalen Strukturen der Selbstversorgung und bei stark steigender Bevölkerung ist der minimale Puffer an verfügbarer Biokapazität schnell dahin. Seit mehr als 25 Jahren ist in Niger der Footprint durch die Biokapazität des Landes beschränkt. In den Jahren 2004 und 2005 führten Trockenheit und Heuschreckenplagen dann zu erheblichen Ernteausfällen. Als die Nachfrage (Footprint) vom Angebot (Biokapazität) nicht mehr gedeckt werden konnte, gab es keine Reserven. Weite Teile der Bevölkerung hungerten. In den Jahren darauf folgten zwar wieder relativ gute Ernten. Dennoch steht Niger vor einer ungewissen Zukunft. Durch die Trockenheit ist die Biokapazität äußerst verletzlich. Außerdem soll sich die Bevölkerung in diesem Jahrhundert noch einmal vervierfachen – aus heutiger Sicht unvorstellbar.

Eine Footprint-Betrachtung von Gesamtafrika, so beeindruckend sie auch sein mag, wird der Komplexität der Lage nicht gerecht. Auf dem Kontinent gibt es gewaltige Unterschiede zwischen Arm und Reich, und zwar in doppelter Hinsicht, ökologisch wie monetär. Mit Hilfe der Daten der Vereinten Nationen ist es möglich, die Ressourcensituation der meisten Länder nachzuzeichnen, rückwirkend bis zum Jahr 1961. Im Fall von Afrika entsteht so nicht nur ein Bild mit vielen Facetten, sondern auch mit unterschiedlichen Verlaufsformen, ein Stück Geschichtsschreibung des schwarzen Kontinents aus ungewohnter Perspektive.

Bewegt sich ein Land nun in Richtung auf eine zukunftsfähige Entwicklung hin oder nicht? Neben dem Footprint existiert ein weiterer aussagekräftiger Indikator zur Beantwortung dieser Frage: der Human Development Index[90] (HDI) des Entwicklungsprogramms der Vereinten Nationen (UNDP). Er soll die Lebensqualität in einem Land beschreiben. Entsprechend schließt der HDI Daten über die Lebenserwartung der Menschen, die Schreib- und Lesefähigkeit und das Bruttoinlandsprodukt pro Kopf ein. Die UNDP geht davon aus, dass ein HDI-Wert größer als 0,8 einen

„hohen menschlichen Entwicklungsstand“ beschreibt. Führt man nun HDI und Footprint zusammen, ergibt sich folgendes Bild:

Auf der rechten Seite der Graphik ist eine Schwelle für den HDI gezogen. Oberhalb des Wertes von 0,8 liegen viele Staaten Europas, Nordamerikas und einige aus dem asiatisch-pazifischen Raum und Südamerika. Gleichzeitig befinden sie sich aber deutlich über der Footprint-Schwelle von 2,1 globalen Hektar, die rechnerisch pro Kopf zur Verfügung stehen. Sie wird repräsentiert von der gepunkteten Linie am unteren Rand der Graphik. Innerhalb dieser Zone sind viele afrikanische Staaten angesiedelt. Ihr Footprint pro Kopf ist relativ klein. Der Quadrant beschreibt eine Situation, in der Länder von der Lebensqualität her auf einem

Index der menschlichen Entwicklung (HDI) und Footprint der Nationen (2005)

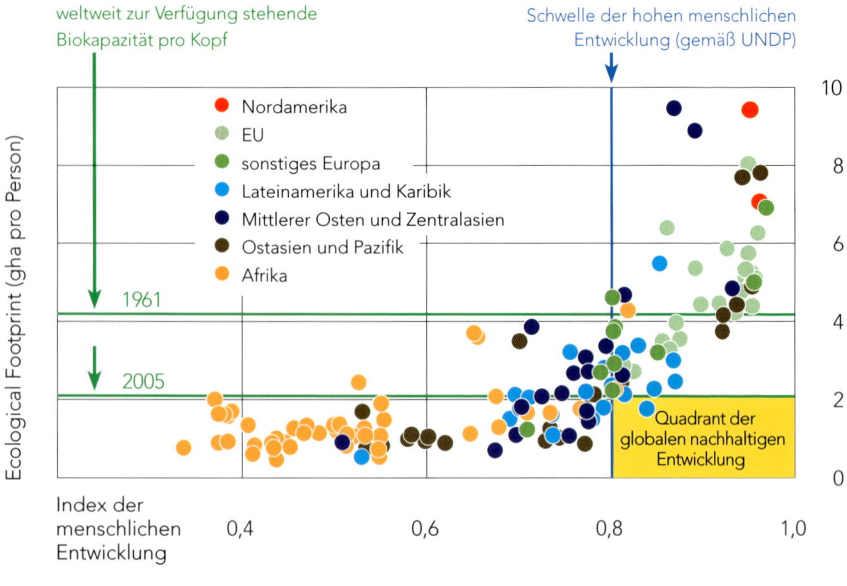

positiven Weg sind, zugleich mit einem Ressourcenverbrauch, der sich weltweit reproduzieren ließe. Derzeit erfüllt nur ein einziges Land diesen Anspruch: Kuba.

Was nicht bedeutet, dass Kubaner glücklicher sind als Bewohner anderer Länder oder dass das Leben in diesem Quadranten automatisch besser ist. Natürlich ist es einfacher, mit mehr Ressourcen gut zu leben. Der Punkt ist, dass das globale Ressourcenbudget beschränkt ist – und sich damit die Frage stellt: Wie können wir am besten *innerhalb* der ökologischen Möglichkeiten leben? Was das Diagramm zeigt ist, dass es Kuba mit vergleichsweise wenigen Ressourcen gelingt, hohe Lebenserwartung, eine vollständige Alphabetisierung und ein mittleres Einkommen zu gewährleisten.

In Ländern wie China und Indien lässt sich über die vergangenen Jahre und Jahrzehnte eine deutliche Erhöhung der Lebensqualität (HDI) ablesen. Dabei liegt Indien mit einem Pro-Kopf-Footprint von 0,9 globalen Hektar noch deutlich unter der Schranke von 2,1. China ist im Jahr 2005 gerade bei diesem Wert angekommen. Auch die Lebensqualität in Afrika ist leicht gestiegen, allerdings längst nicht so stark wie in Indien und China.

Im Folgenden werden Footprint-Entwicklungen für ausgesuchte afrikanische Länder beschrieben.

Ägyptens Bevölkerung betrug im Jahr 2005 ziemlich genau 74 Millionen. Ähnlich wie in vielen anderen afrikanischen Staaten, hat sich die Zahl der Menschen seit 1961 verdoppelt. Trotzdem ist die Biokapazität pro Kopf im selben Zeitraum nur leicht gefallen, sie lag 2005 bei 0,4 globalen Hektar. Der Grund dafür ist die rasche Zunahme der Produktivität des Ackerlandes, dank künstlicher Bewässerung. Der Footprint ist im angegebenen Zeitraum von 1,0 auf 1,7 globale Hektar pro Person gewachsen. Bereits 1961 war Ägypten ein Nettoimporteur von Biokapazität. Dieser Anteil ist deutlich gestiegen. Im Jahr 2005 betrug die Biokapazität des Landes lediglich ein Drittel seines Footprint.

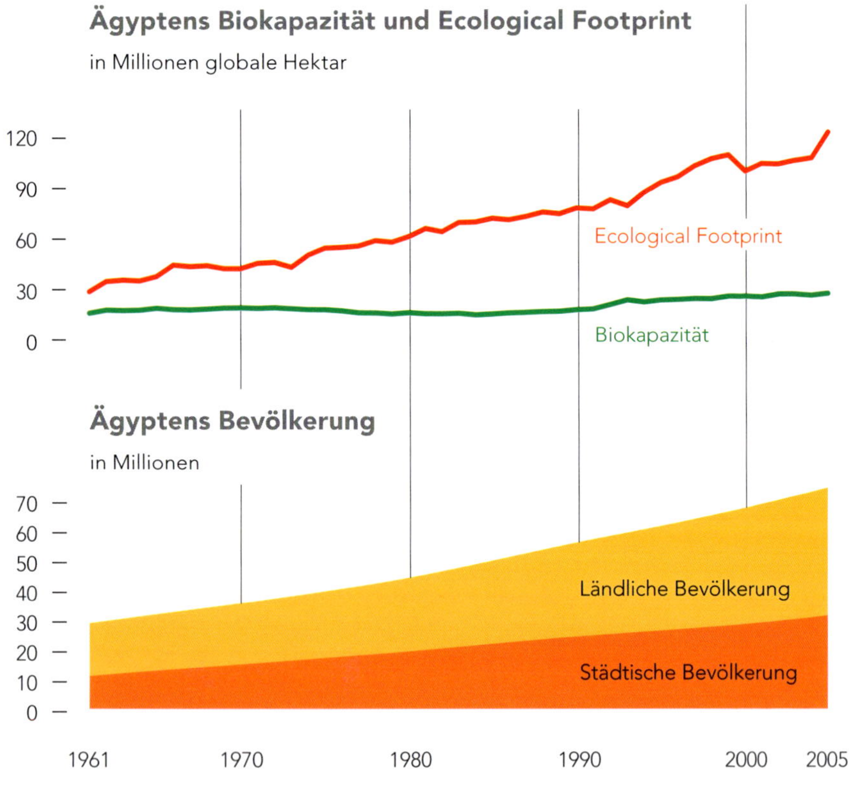

Quelle: Global Footprint Network/ FAO/World Bank

Algeriens Pro-Kopf-Footprint hat sich von 1961 bis 2005 von 0,9 auf 1,7 globale Hektar fast verdoppelt. Verdoppelt hat sich im selben Zeitraum auch die Bevölkerung. Im Jahr 2005 betrug sie 33 Millionen. Die umgekehrte Entwicklung hat die Biokapazität pro Person durchlaufen, sie sank von 2,1 globalen Hektar 1961 auf 0,9 globale Hektar 2005. Zugleich wurde Algerien immer weiter von Biokapazität außerhalb seiner Grenzen abhängig. Schließlich betrug die Biokapazität des Landes nur noch die Hälfte des Wertes seines Footprint.

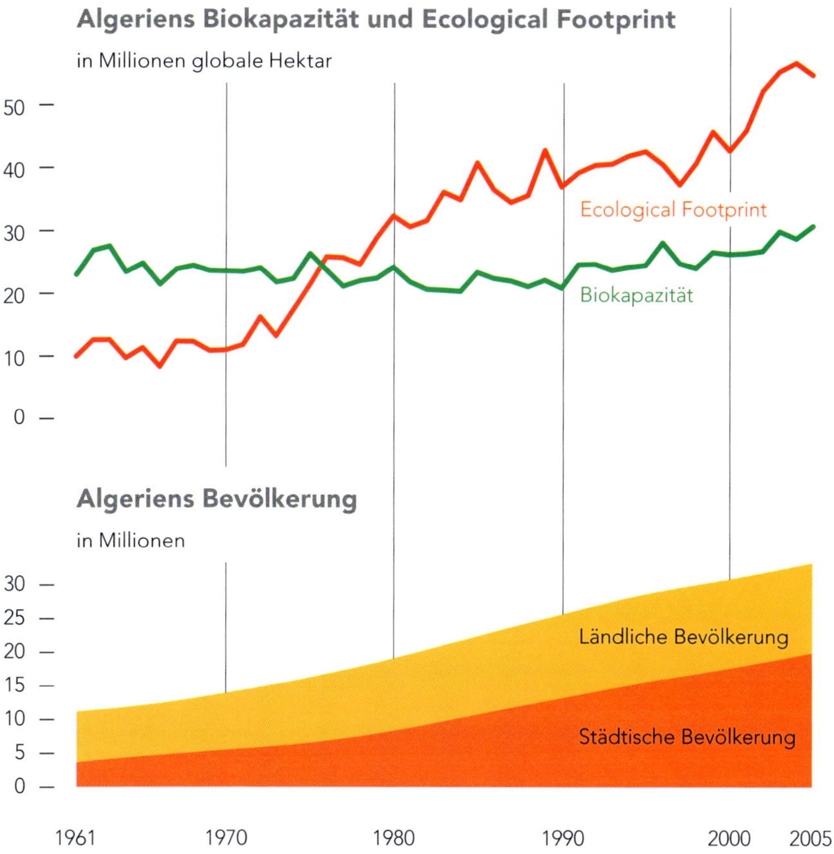

Quelle: Global Footprint Network/ FAO/World Bank

Kenias Bevölkerung im Jahr 2005 betrug 34 Millionen Menschen, der Footprint pro Kopf 1,1 globale Hektar. Die Biokapazität pro Person sank von 4,7 globalen Hektar im Jahr 1961 auf 1,2 globale Hektar 2005. Kenia verzeichnete von 1961 bis 2005 ein sehr starkes Bevölkerungswachstum, die Anzahl der Menschen hat sich annährend vervierfacht.

Kenias Biokapazität und Ecological Footprint

in Millionen globale Hektar

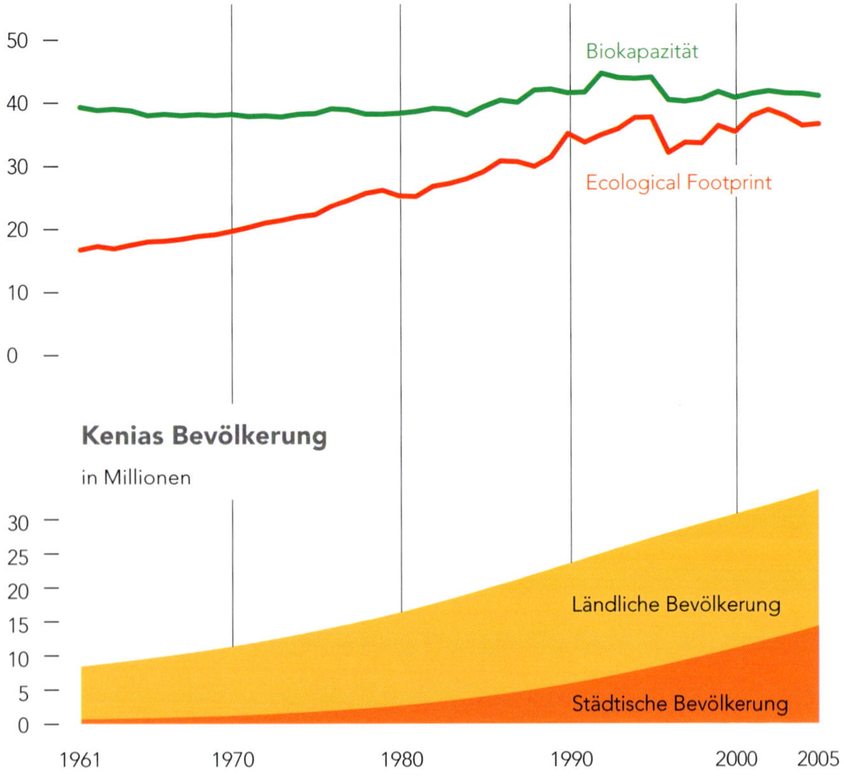

Quelle: Global Footprint Network/ FAO/World Bank

Mali hatte im Jahr 2005 einen Pro-Kopf-Footprint von 1,6 globalen Hektar. Von 1961 bis 2005 wuchs die Bevölkerung auf 13,5 Millionen – mehr als eine Verdoppelung. Im selben Zeitraum fiel die Biokapazität um 60 Prozent auf 2,6 globale Hektar pro Person. Im Jahr 2005 war Malis Biokapazität annähernd doppelt so groß wie der Footprint des Landes.

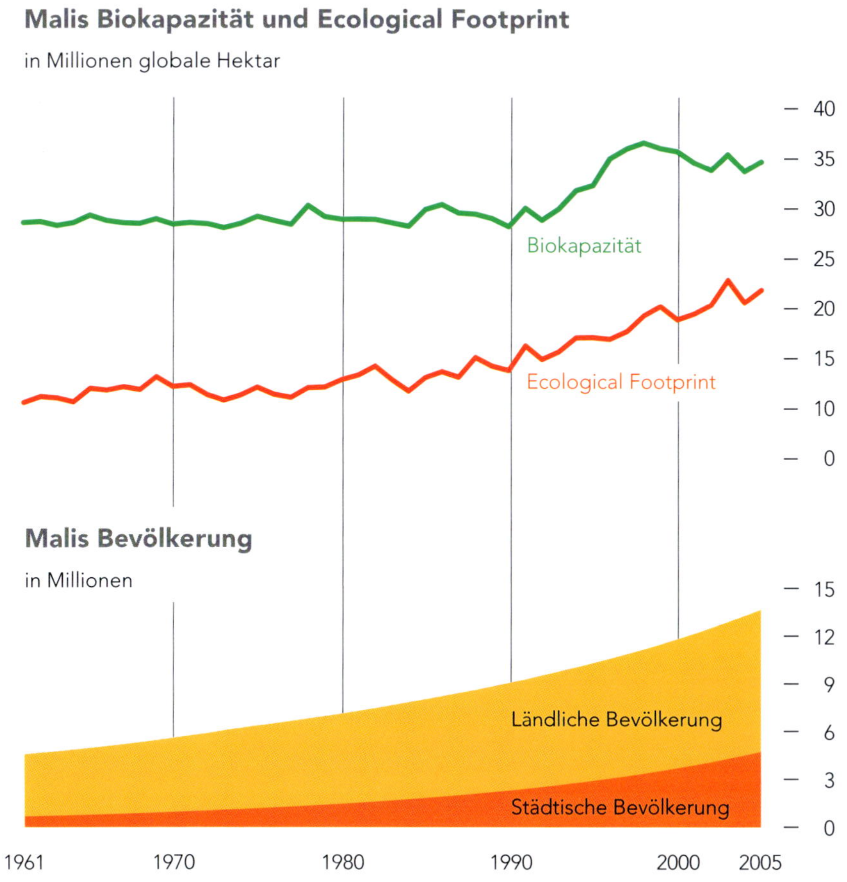

Quelle: Global Footprint Network/ FAO/World Bank

Mosambiks Footprint pro Person ist über die Zeitspanne von 1961 bis 2005 relativ konstant geblieben, bei etwa 0,9 globalen Hektar. Im selben Zeitraum hat die Bevölkerung sich mehr als verdoppelt. Dadurch ist der Wert der Biokapazität pro Kopf von 8,2 globalen Hektar im Jahr 1961 auf 3,4 globale Hektar im Jahr 2005 gefallen. Außerdem ist Mosambik vom Nettoexporteur zum Importeur von Biokapazität geworden. Trotzdem ist das ökologische Angebot des Landes drei Mal größer als sein Footprint.

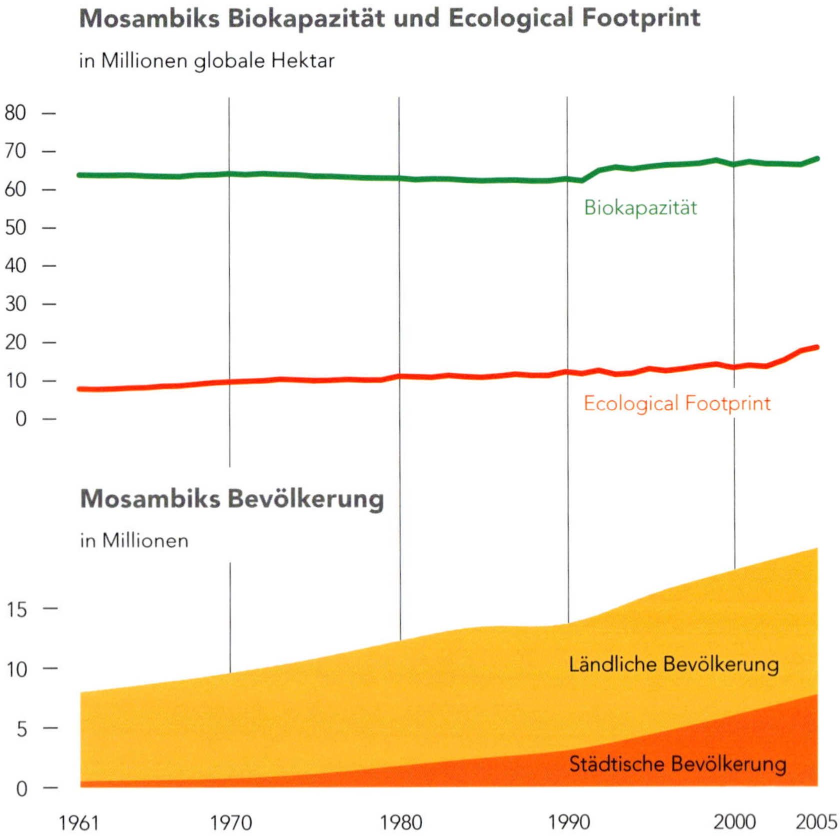

 Quelle: Global Footprint Network/ FAO/World Bank

Südafrikas Pro-Kopf-Footprint fiel von 2,6 globalen Hektar im Jahr 1961 auf 2,1 globale Hektar 2005. Die Bevölkerung hat sich im selben Zeitraum mehr als verdoppelt, 2005 lebten in dem Land 47 Millionen Menschen. Allerdings ist in den vergangenen Jahrzehnten auch die Biokapazität pro Person um die Hälfte gefallen. Südafrika ist ein großer Nettoexporteur von Biokapazität.

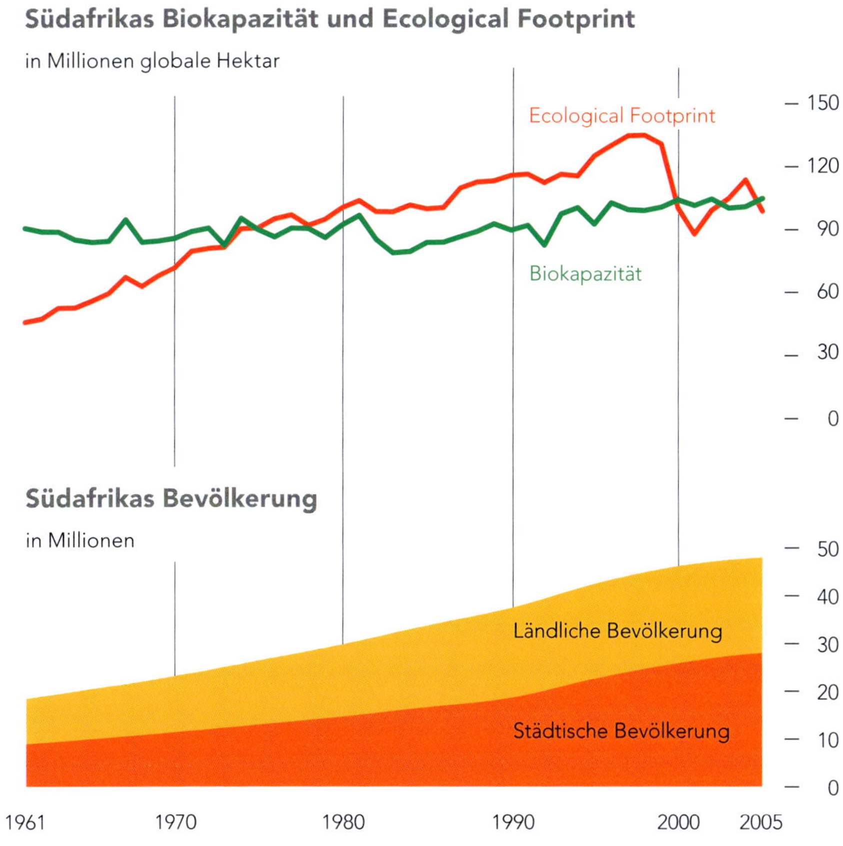

Quelle: Global Footprint Network/ FAO/World Bank

Tansanias Pro-Kopf-Footprint lag im Jahr 2005 bei 1,2 globalen Hektar, 1961 betrug er noch 1,9 globale Hektar. Mit dem Anwachsen der Bevölkerung im genannten Zeitraum um das Dreieinhalbfache auf 38 Millionen ist die Biokapazität pro Kopf drastisch gefallen, von 4,8 auf 1,2 globale Hektar. Derzeit halten sich Footprint und Biokapazität etwa die Waage.

Tansanias Biokapazität und Ecological Footprint

in Millionen globale Hektar

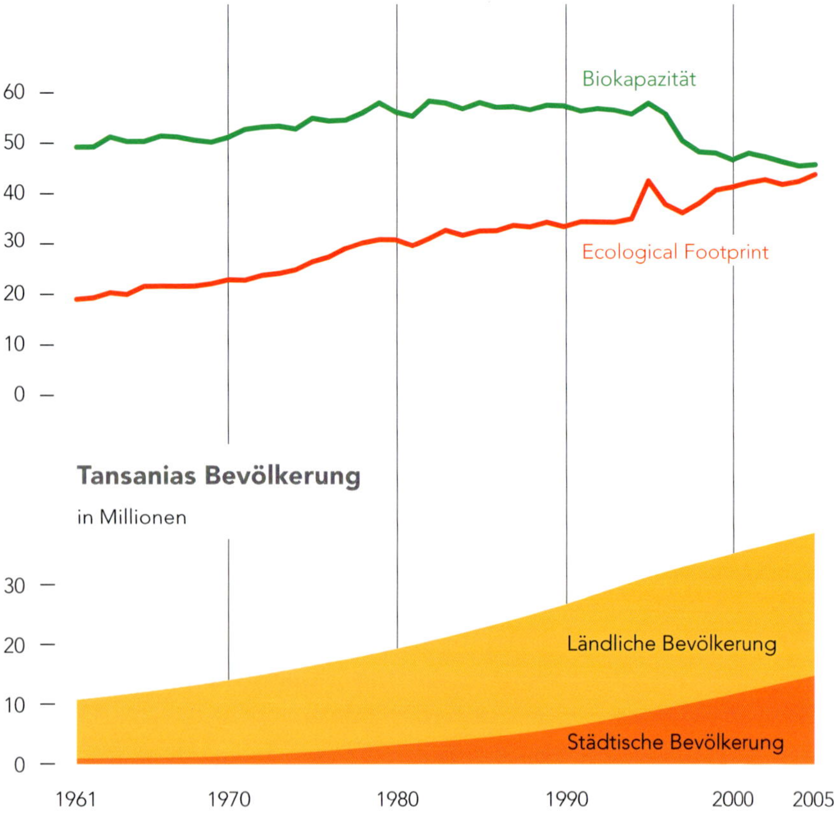

Quelle: Global Footprint Network/ FAO/World Bank

Von 1961 bis 2005 hat die gesamte Biokapazität von Afrika zwar um rund 30 Prozent zugenommen, gleichzeitig aber hat sich die Bevölkerung Afrikas verdreifacht. Bei vielen afrikanischen Staaten reicht die eigene Biokapazität nicht mehr aus, um die eigene Bevölkerung zu versorgen. Andere Länder sind besser aufgestellt. Tatsache ist, Millionen Afrikaner leben heute von ihren lokalen nachwachsenden Ressourcen, sei es Brennmaterial, das sie zum Kochen verwenden, oder Nahrungsmittel wie Fisch oder Getreide. Zugleich ist der Export von Biokapazität für viele afrikanische Staaten eine entscheidende Einnahmequelle. Afrikas Zukunft wird deshalb wesentlich davon abhängen, wie gut oder wie schlecht die eigene Biokapazität gemanagt wird. Dies ist der Punkt, an dem der Footprint zum Einsatz kommt. Das Instrument ist nämlich in der Lage, die menschliche Nachfrage nach ökologischen Dienstleistungen mit der Kapazität der lokalen Ökosysteme ins Verhältnis zu setzen, um die entsprechenden Schlussfolgerungen daraus zu ziehen. Und zwar möglichst konkret, in Sambia beispielsweise trainiert Global Footprint Network junge Frauen im nachhaltigen Umgang mit lokalen Ressourcen. Eine weitere Regionalisierung der Daten und ein damit einhergehendes Monitoring wären in diesem Zusammenhang sehr hilfreich, beispielsweise, um die Versorgung der wachsenden Städte, der Megacitys und Slums sicherstellen zu können.

Ein breiter Trend, wonach viele Menschen vom Land in die großen Städte ziehen, ist in Afrika ungebrochen. Ob arm oder reich, Städte brauchen ihr eigenes Getreide, ihr eigenes Holz und ihren eigenen Fisch. Sind die Ressourcen nicht vorhanden, kommt es schnell zu menschlichen Tragödien. Vor allem die ärmeren Bewohner greifen zuerst auf Ressourcen aus der Region zurück. Häufig werden dabei die Ökosysteme überbeansprucht. Das gilt es zu verhindern. Wie viel haben wir? Wie viel nutzen wir?

Druck auf die Biokapazität kommt aber nicht nur von den Afrikanern selber. Hoch gerüstete internationale Fangflotten zum Beispiel nutzen bereits seit Jahren die traditionellen Fischgründe vor der west- und ostafrikanischen Küste, häufig bis zum Zusammenbruch der Populationen. Die heimischen Fischer kommen mit leeren Booten zurück. Viele der einst lebendigen und üppigen Märkte an den Küsten sind mittlerweile trostlos und verlassen.

Eine echte Gefahr für viele afrikanische Staaten ist auch der illegale Einschlag von Holz. Für Tansania geht man davon aus, dass China von dort zehn Mal mehr Holz bezieht, als in der offiziellen Statistik des Landes dokumentiert ist, bedingt durch Korruption und Missmanagement im Forstbereich des Landes. Auf diese Art und Weise sind Tansania in den Jahren 2004 und 2005 rund 58 Millionen US-Dollar an Einnahmen entgangen. Die Ursachen sind fehlende Kontrollen, fehlende Besteuerung, fehlende Planung. Der illegale Einschlag kann zur Zerstörung ganzer Wälder führen. Die Folgen sind Erosion, Überflutung und Veränderungen des lokalen Klimas – keine guten Voraussetzungen für die einheimische Bevölkerung.

Investoren aus reichen Ländern, private ebenso wie staatliche, nutzen Land in Afrika und produzieren dort Nahrungsmittel.[91] China beispielsweise hat im Kongo 2,8 Millionen Hektar gepachtet, um Palmöl anzubauen. Ägypten hat sich Hunderttausende Hektar Land im Sudan für die Weizenproduktion gesichert. Libyen investiert in großem Maßstab in Mali, um dort ebenfalls Weizen anzubauen. Die ansässigen Bauern werden aus dem fruchtbaren Niger-Delta vertrieben – irgendwohin, wo sie weniger Wasser und schlechteren Boden vorfinden. Das Risiko ist groß, dass viele Menschen in Armut und Hunger getrieben werden. Die Großinvestoren sacken die Ernte ein – und verschwinden. An einer nachhaltigen Landwirtschaft sind sie kaum interessiert.

Die Zukunft für die afrikanischen Staaten liegt in der Bewahrung der eigenen Ökosysteme, der Wälder, der Äcker und Fischgründe – und weniger in der Tourismusindustrie, wie in Kenia. Wenn die Preise für Flugreisen steigen, sind die Investitionen in Fünf-Sterne-Hotels verloren. Der Footprint leistet hier, wie immer, beides: Er beginnt mit einer realistischen Bestandsaufnahme, gleichzeitig gibt er Anlass zur Hoffnung, indem er Wege aufzeigt, was zu tun ist.

Footprint – Interview

Unmögliche Trends

Beyers: Worum geht es beim Footprint im Kern?

Wackernagel: Als ich auf die Welt kam, nutzte die Menschheit etwa die Hälfte der Biokapazität, die unser Planet jährlich zur Verfügung stellt. Im Jahr 2001, als mein Sohn geboren wurde, war es schon 1,2 Mal die Erde. Jetzt ist mein Sohn acht und wir brauchen 1,4 Mal die Erde. Wenn er so alt sein wird wie ich heute, würde die Menschheit, wenn wir die moderaten Voraussagen der UNO in Footprint ernst nehmen, doppelt soviel Biokapazität von unserem Planeten beanspruchen, wie er reproduzieren kann.

Beyers: Klingt verrückt…

Wackernagel: Ist aller Wahrscheinlichkeit nach auch nicht möglich. Aber so sind die Trends. Länder, Städte und Unternehmen können sich offensichtlich nichts anderes vorstellen und arbeiten mit ihren individuellen Expansionsplänen genau in diese Richtung. Diese Blindheit führt zu bösen Überraschungen. Das muss nicht sein, wenn wir uns entsprechend vorbereiten. Wir könnten unsere Zukunft ganz angenehm gestalten, wenn wir wollten und der Realität ins Auge schauen.

Beyers: Derzeit haben wir eine Weltbevölkerung von rund sieben Milliarden, die bis zur Mitte des Jahrhunderts auf neun bis zehn Milliarden ansteigen soll. Die Schwellenländer wie China, Indien oder Brasilien holen wirtschaftlich auf. Die Berechnung des Footprint zeigt jedoch: Wir verbrauchen heute bereits mehr, als nachwächst. Klingt nicht gerade ermutigend.

Gut von der Natur leben

Wackernagel: Nachhaltigkeit mit einer Perspektive aus Hoffnung und Verzweiflung zu diskutieren finde ich eher unproduktiv.

Die Frage: „Wo können wir Hoffnung finden?" sagt zwischen den Zeilen, dass die Situation hoffnungslos ist. Im Global Footprint Network verfolgen wir dagegen einen eher pragmatischen Ansatz. Ich glaube nicht, dass die Menschheit Selbstmord begehen will. Die Leute wollen leben. Also wollen sie auch keinen Bankrott, ökologisch ebenso wenig wie finanziell. Ich bin davon überzeugt, dass es möglich ist, auf Dauer gut von der Natur zu leben. Aber davon sind wir weit entfernt. Und dazu müssten wir unsere Wirtschaftsmodelle fundamental verändern – zum Beispiel dem Naturkapital mehr Vorteile einräumen und gleichzeitig Ressourcenverbrauch und Abfall viel stärker besteuern oder auch Innovationen in Richtung Nachhaltigkeit fördern. Unter dem Strich ist klar: So wie heute, kann es nicht stetig weitergehen.

Beyers: Nur wie?

Wir brauchen die richtigen Informationen

Wackernagel: Das Problem zu leugnen und die Augen davor zu verschließen macht es nur schwieriger und bringt uns noch näher an den Abgrund. Die richtige Antwort heißt Realismus. Wir sagen: Lasst uns doch mal genau hinschauen, lasst uns die Situation beschreiben. Deshalb ist ökologische Buchhaltung wichtig. Es macht keinen Sinn, wenn wir mit der Kurskorrektur erst kurz vor dem Bankrott anfangen. Das System ist träger als der größte Supertanker. Wir brauchen die richtigen Informationen hier und heute, um besser beurteilen zu können, welche ökologischen Ausgaben wir vermeiden und welche Einnahmen wir steigern müssen, um den Bankrott zu vermeiden.

Beyers: Der Footprint kommt zu dem Ergebnis, dass rein rechnerisch für jeden Erdenbürger durchschnittlich 2,1 globale Hektar an Biokapazität zur Verfügung stehen. Diese Zahl allein ist für Bürger reicher Länder wie Deutschlands oder der Schweiz eine Zumutung. Weil wir alle weit darüber liegen.

Normaler Wahnsinn

Wackernagel: Ich erlebe zwei diametrale Betrachtungen der Welt: Einerseits, und so erfahre ich es am eigenen Leib, haben Menschen in reichen Gegenden wie San Francisco oder Hamburg heutzutage ein materiell unglaublich gesegnetes Leben: raffiniertes Essen, geheizte Schwimmbäder, Flüge in alle Welt. Ergo: *Nie ging es uns besser.*

Gleichzeitig wissen wir, falls alle auf der Welt so wie du, Bert, und ich leben würden, bräuchten wir drei bis sechs Planeten. Das obere Ende gilt für mich, mit all meinen beruflich bedingten Reisen. Nun wissen wir: Alle wollen so leben wie in Hamburg oder San Francisco – China, Indien und Brasilien bereiten sich darauf vor. Der Trend ist kaum umzukehren. Wir fressen unsere Zukunft auf. Diese andere Sicht lautet folglich: *Die Welt ist verloren.*

Das Erstaunliche ist, dabei handelt es sich nicht um zwei getrennte Lager – Republikaner gegen Demokraten oder CDU gegen SPD –, alle einflussreichen Leute in industrialisierten Zonen tragen beide Haltungen in sich. Ich auch.

Beyers: Anders formuliert: Die Welt geht zwar unter, aber meine Familie und ich, wir werden es schon schaffen. Al Gore spricht ja von einer „unbequemen Wahrheit". Hat der Footprint davon nicht auch einiges im Gepäck?

Wir versenken uns gleichzeitig und überall

Wackernagel: Ich denke, wir verkennen das Interesse unseres Landes, unserer Stadt und unserer Unternehmen, sich auf die Zukunft vorzubereiten. Denn es wird für uns selbst unbequem, wenn wir uns nicht darauf einstellen. Ich denke, ich werde das noch erleben. Eine gute Buchhaltung hilft uns, das klarer zu sehen.

Beyers: Was hat das Eigeninteresse mit Buchhaltung zu tun?

Wackernagel: Mit Geld können wir das Argument des Buchhaltens vielleicht besser verstehen. Viel unbequemer wird es nämlich, wenn ich nicht bilanziere und ich mich vom finanziellen Schlamassel überraschen lasse. Wenn man sich die ökologischen Kontoauszüge anschaut, die uns zeigen, wie die Länder sich auf dem Planeten über die vergangenen 40 Jahre entwickelt haben, sieht man allgemein: Die Nachfrage nach Ressourcen steigt, aber die Biokapazität pro Kopf sinkt. Das ist so – fast überall. Dieser Universaltrend suggeriert uns, die Situation sei normal. Aber es ist gerade umgekehrt. Wir alle rennen gegen die Wand, und das gleichzeitig. Es gibt keine Orte mit umgekehrtem Trend, die uns retten könnten, keine Rettungsboote. Wir versenken uns selber, gleichzeitig und überall. Ich bin 47 Jahre alt. In meinem Leben war das immer so. „Immer" bedeutet 47 Jahre. Historisch gesehen ist das nicht sehr viel. Normal ist diese Situation also keineswegs. Deshalb sagen wir: Vielleicht wäre es gar nicht so dumm, einmal den Kontoauszug der Natur anschauen. Schreiben wir schwarze oder rote Zahlen und in welche Richtung bewegt sich das Ganze?

Beyers: Wenn der Footprint die ökologischen Grenzen benennt, gerät er dabei nicht in Verdacht, den Menschen vorschreiben zu wollen, wie sie zu leben haben? Dass man zum Beispiel nicht so viel fliegen soll?

Wackernagel: Wir helfen Leuten, die ökologische Realität und deren Konsequenzen besser zu verstehen. Grenzen zu überziehen hat Konsequenzen, das akzeptieren wir in anderen Lebensbereichen ja auch: Wie viel Geld haben wir, wie groß ist mein Grundstück oder unser Bauernhof? Oder wie viel Zeit haben wir am Tag? Wie lange darf ich im Hotel bleiben?

Vielleicht akzeptieren wir diese Grenzen, weil wir sie direkter spüren. Wir leben mit diesen Grenzen Tag für Tag – ohne Widerrede. Gewisse Grenzen sind sogar befreiend. Auf einem Grundstück ohne Zaun haben Kinder Angst und spielen nur ganz nah am Haus. Auf einem Grundstück dagegen mit Zaun spielen sie im ganzen Garten. Grenzen geben auch Sicherheit, Klarheit und Struktur. Die ökologischen Grenzen sind ja nur eine Beschreibung der Realität, nicht eine von Menschen erfundene und aufgezwungene Erfindung.

Beschreiben, nicht werten

Beyers: Unter welchen Umständen funktioniert die Kommunikation des Footprint gut, wann eher nicht?

Wackernagel: Ich glaube, das ist die größte Herausforderung: Wie kommuniziert man diese Ideen? Ein großer Fehler der Umweltbewegung ist, dass sie zu moralisch oder gar moralistisch argumentiert. Man hat vielleicht Recht, aber gewinnt keine Freunde.

Beyers: ...mit dem erhobenen Zeigefinger.

Wackernagel: Daher ist unsere Strategie heute, andere einzuladen. Wir nennen es *building a network of robust inquiry* – wir bauen an einem Netzwerk für ein gemeinsames Erforschen und Suchen von konstruktiven Möglichkeiten. In den Anfangsjahren der Footprint-Diskussion haben wir große Fehler gemacht. Zum Beispiel hatten wir einen Ansteckknopf der stolz verkündete: *Reduce Your Footprint*. Die Leute dachten im Stillen „Mach' du das doch erst mal selber vor!" Eine Studentin in Chile fragte mich im Anschluss an einen Vortrag: „Soll ich etwa meinen Footprint verkleinern, damit du mehr Schokolade essen kannst?" Das war brillant – damit alleine hatte sich die Reise schon gelohnt. Ein anderer unserer Fehler war, die existierende Biokapazität pro Kopf *fair earth* *share* zu nennen. Auf Deutsch etwa: der faire Anteil an Biokapazität. Da denken die Leute: „Wer bist du, dass du entscheidest, was fair ist und was nicht?" Da haben sie Recht. Was fair ist, müssen wir zusammen bestimmen. Besser ist es, die Biokapazität einfach nur zu beschreiben: 2,1 globale Hektar pro Kopf im Jahr 2005. Das ist der mathematische Durchschnittswert. Da gibt es nichts zu rütteln. Zu postulieren, was für andere fair ist und was nicht, produziert nur Widerstand – es ist keine Einladung, sondern ein Indoktrinieren. Wir müssen beschreiben, nicht werten. Entscheidend ist, dass die Kommunikation produktiv und ansprechend ist. Sie soll zum Mitmachen anregen. Diesen Touch von *gloom and doom*, von einer düsteren Zukunft, sollten wir vermeiden, unsere Arroganz abstreifen und wirklich die Vorschläge anderer hören wollen. Selbst wenn wir offiziell die normative Seite streichen, aber mit unseren Hintergedanken doch normativ sind, riechen das die Menschen. Sie lesen zwischen den Zeilen. Wenn wir sagen „Wir müssen unseren Energieverbrauch massiv reduzieren", hören die Leute: „Aha, was der wirklich meint ist, dass das Leben wesentlich einfacher wäre mit mehr Energie."

Beyers: Die Gerechtigkeits- und Verteilungsfrage lasst ihr außen vor?

Wackernagel: Natürlich wird sich die Gerechtigkeitsfrage ziemlich schnell stellen, aber wir müssen da nicht unseren Senf dazugeben. Im Gegenteil: Wenn die Gerechtigkeitsfrage dann von anderen und von unserem Publikum aufgeworfen wird, hat das viel mehr Wirkung. Es geht nicht darum, anderen vorzuschreiben, wie sie ihren Footprint verkleinern können, sondern ihnen Werkzeug an die Hand zu geben, wie wir alle besser leben und unsere ökologischen Reichtümer bewahren können.

Beyers: Sprechen wir über Overshoot, ein zentrales Wort beim Footprint. Es bedeutet so viel wie: Man fällt mehr Bäume als nachwachsen oder fängt mehr Fische, als die Fischgründe dauerhaft hergeben. Wie geht man mit Overshoot um?

Wie fühlt sich Overshoot an?

Wackernagel: Niemand auf der Welt, der über Einfluss verfügt oder reich ist, erlebt Overshoot direkt. Das kann man mit Geld übertünchen. Oder man fährt einfach nicht mehr nach Haiti in den Urlaub, weil es dort nicht mehr so nett ist. Ehrlich gesagt erleben reiche Menschen das abstrakte Bruttoinlandsprodukt viel unmittelbarer als Overshoot. Wenn die Wirtschaft gut läuft, steigt für die reiche Welt die Kaufkraft. Alles wird einfacher: einen neuen Job zu finden, sich extra Wünsche zu leisten, der Wert des eigenen Hauses steigt und man bekommt leichter einen Kredit. Das hat direkte Auswirkungen auf das Leben. Kommt der Overshoot langsamer, als die Kaufkraft der urbanen Elite steigt, spürt sie nichts davon und sieht die Ressourcenknappheit nicht. Wenn aber die Wirtschaftslage turbulent wird, das Bruttoinlandsprodukt schrumpft, wird das auch nicht als Overshoot gesehen. Stimmen werden laut, dass die Regierung den Konsum ankurbeln soll – *the party must go on*. In der Krise haben wenige den Mut, dem Biest in den Rachen zu schauen und zu fragen: Was geht da wirklich vor?

Beyers: Und was sähe man dort, im Rachen des Biests?

Wackernagel: Nun, in einer endlichen Welt können wir eine Wirtschaft nicht langfristig stabilisieren, indem wir immer mehr verbrauchen. Besonders nicht, wenn wir schon im Overshoot stecken. Solange wir von der Liquidation unseres Naturkapitals leben (unsere jetzige Wirtschaftsweise), untergraben wir unsere langfristige Sicherheit. Geld ist kein wirklicher Wert;

es ist nur ein Symbol, das uns Zugang zu wirklichem Reichtum sichert. Wirkliche Werte sind das Humankapital (Fähigkeiten, Arbeitskraft, Wissen), Naturkapital (Ressourcen, Abfallsenken) und physisches Kapital (Häuser, Fabriken, Eisenbahnlinien). Vom Humankapital gibt es immer mehr, vom Naturkapital immer weniger. Das bedeutet doch, dass wir in Naturkapital investieren sollten, statt es zu liquidieren. Denn das wird immer knapper und daher wesentlicher. Oder wir sollten in physisches Kapital investieren, dessen Wert nicht von der Liquidation des Naturkapitals abhängt (also mehr Nullenergiehäuser, weniger Jumbo Jets). Wir sollten besser unterscheiden, welche Investitionen ihren Wert in einer Welt mit Overshoot erhalten und welche Werte erodieren. Ein guter Wirtschaftswissenschaftler sollte also das Naturkapital sorgfältig im Auge behalten.

Beyers: Aber dafür haben wir ja den Footprint, der uns sogar Zahlen an die Hand gibt: globale Nutzung der Biokapazität im Jahr 2006: 144 Prozent.

Wackernagel: Ja, wir brauchen solche Zahlen, um die natürliche Welt für Entscheidungsträger fassbar zu machen. Aber die globale Zahl gibt den einzelnen wenig Information zum Handeln. Daher brechen wir die Information auch auf Länder Städte, Individuen und Produkte runter. Aber in ärmeren Gegenden der Welt kann man die ökologische Realität des globalen Overshoot sehr wohl erleben. In Kenia zum Beispiel oder in Bangladesh – das übersetzt sich in Dürren, Nahrungsmittelknappheit, Arbeitslosigkeit, Konflikte. Arme Menschen in Indien können ihre Bauernhöfe nicht einfach vergrößern, um mehr zu produzieren. Auch landwirtschaftliche Inputs und Technologie sind teuer, oft ist auch das Wasser knapp. Als Resultat wächst in vielen ärmeren Gegenden die landwirtschaftliche Produktivität nicht mehr mit der Bevölkerung. Wenn diese Trends nicht gedreht werden, wird es stetig ungemütlicher. Viele glauben, Overshoot fände erst statt, wenn wir gegen Wände rennen. Aber die Grenzen sind ja viel früher erreicht, schleichend. Ein Wald zum Beispiel kann lange übernutzt werden. Ab einem bestimmten Punkt aber nicht mehr. Grundwasserspiegel senken sich langsam aber stetig ab. Fischgründe kollabieren noch schneller als Wälder oder Wasservorräte. Das ist schon häufig geschehen. Aber reiche Menschen erleben das nur, wenn sie in Küstengegenden leben, die stark vom Fischfang abhängen, zum Beispiel in Neufundland. Der Städter, der einfach im Supermarkt einkauft, findet immer noch genug Fisch in der Tiefkühltruhe. Er denkt sogar, das wird immer exotischer, weil er neue Fischarten isst – für ihn eine Bereicherung.

Beyers: Eher ein Ausweichen.

Wackernagel: Die letzten Fischtrawler beliefern die reichen Leute. Gleichzeitig wird die Kluft zwischen Arm und Reich noch größer. Unterm Strich ist die Erfahrung vieler einflussreicher Stadtmenschen deshalb immer noch Expansion. In wirtschaftlichen Krisenzeiten ist es dann „zu wenig Expansion", die durch Konjunkturprogramme angeheizt werden soll.

Beyers: Das klingt nach einer fatalen Analyse. Overshoot wird also erst erlebbar, wenn es wirklich hart wird, im Kollaps, wenn die Leute an die Wand gedrängt werden und dann vielleicht nicht mehr die wirtschaftlichen Möglichkeiten haben zu reagieren.

Ursachen und Symptome

Wackernagel: Kollaps wird sehr intensiv erlebt. Aber nicht als Umweltkrise. Niemand wird je an „Overshoot" sterben. Es kommt dann zu Kriegen oder anderen Zusammenbrüchen.

Keine Zeitung wird melden: *Tausende von Menschen an Overshoot gestorben.* Die Symptome werden beschrieben oder gar als Ursache missverstanden: Krieg, Inkompetenz der Regierung, ökonomische Krisen, eine Naturkatastrophe, Armut, Ungerechtigkeit. Die Frage ist: Werden mehr Menschen im Mainstream die grundlegende Dynamik erkennen? Oder werden wir uns weiterhin von den Symptomen überraschen lassen?

Beyers: Overshoot ist eine sehr abstrakte Idee.

Komplexität reduzieren

Wackernagel: In gewisser Weise ja. Die große Stärke des Konzepts ist aber, dass es die Komplexität, vor der wir stehen, auf einen Nenner bringt. Früher war es einfach, da hat man eine Straße gebaut und fertig. Jetzt muss man die Biodiversität bedenken, die Wassersituation, die Erosion, die Nahrungsmittelpreise, das Kohlendioxid – wie hängt das alles zusammen? Mit dem Overshoot-Konzept bekommt man ein sinnvolles Gesamtbild. Wenn wir das nun in einer Perspektive des Stoffwechsels zwischen Mensch und Natur sehen, können wir wieder damit umgehen. Länder, die das begreifen und managen, können sich besser auf die Herausforderungen des 21. Jahrhunderts vorbereiten. Die anderen werden kontinuierlich in Kämpfen aufgerieben. Auch Ökonomen sollte das interessieren. Denn die steigende Knappheit an Naturkapital wird die Stagflation beschleunigen und uns in Teufelskreise hineintreiben. Overshoot wirkt sich ökonomisch so aus, dass alltägliche Notwendigkeiten wie Energie und Nahrungsmittel teurer werden, während viele traditionelle, physische Investitionen wie Häuser und andere ressourcenfressende Wertgegenstände wie Industrieanlagen oder Flughäfen massiv an Wert verlieren. Das treibt viele Märkte in den Zusammenbruch. Dann gehen die Ressourcenpreise wieder runter, aber die Kaufkraft eben auch.

Woher kommt das Ziel?

Beyers: Wir haben ein Buchhaltungssystem, das Overshoot beschreiben kann. Aber darin ist ja noch nicht enthalten, wie man darauf reagieren soll. Was bringt Global Footprint Network dazu, Overshoot beenden zu wollen?

Wackernagel: Unser subjektives, normatives Engagement beschränkt sich darauf, dass wir uns bewusst eine bestimmte Frage stellen – nämlich: Wie viel Biokapazität braucht der Mensch? – und uns als übergeordnetes Ziel gesetzt haben, der Menschheit zu helfen, aus dem Overshoot heraus zu manövrieren. Wir nennen das *ending overshoot*. Das ist unsere Basis. Wir sehen Overshoot als das zentrale Dilemma, das sich uns in diesem Jahrhundert stellt. Und doch wird es vom Mainstream als Risiko völlig unterschätzt. Die Zahl der Menschenleben, die davon betroffen sein wird, die Wahrscheinlichkeit und das baldige Eintreffen, all das ist höher als andere Risiken auf der politischen Agenda. Dabei könnten wir das Dilemma konstruktiv angehen. Es ist nicht wie ein Asteroid, der plötzlich auf die Erde fällt. Wir kennen das Phänomen Overshoot und können was dagegen tun.

Beyers: Was sollten wir tun?

Wackernagel: Weil wir als Gesellschaft so weit davon entfernt sind, etwas tun zu wollen, setzen wir als Global Footprint Network darauf, *ending overshoot* vermehrt zum Thema zu machen. Aber wie wir dahin kommen und was gemacht werden sollte, da sind wir offen. Wenn uns Entscheidungsträger dann fragen, wie sie ihr ökologisches Defizit reduzieren können, haben wir Stapel von Referenzen, Berichten und Beispielen für sie bereit. Aber zuerst müssen sie wollen. Wir denken nur, dass ohne robuste Messgrößen wenig Fortschritt möglich ist. Daher ist unsere Priorität, ein funktionstüchtiges, wissenschaftliches und verständliches Werkzeug voranzutreiben, das den Overshoot quantitativ beschreiben kann. Wir glauben, dass eine wesentliche Bedingung für unser übergeordnetes Ziel *ending overshoot* darin besteht, dass wir eine verlässliche Buchhaltung unserer Ressourcen haben. Wir hoffen, dass unser Werkzeug, zusammen mit unseren Argumenten, das ökologische Defizite abzubauen, im Eigeninteresse jeder Stadt und jedes Landes ist und damit eine katalytische Wirkung haben könnte. Aber du hast Recht, unser Ziel hat ein normatives Element – die Idee, es ginge uns besser ohne globalen Overshoot, ist ein Werturteil.

Beyers: Könnte man die Methode, brutal gesagt, auch dazu verwenden, um Ökodiktaturen zu beschreiben oder aufrecht zu erhalten.

Wackernagel: Theoretisch ja. Overshoot ist der bestimmende Faktor des 21. Jahrhunderts. Deshalb müssen wir es anpacken – Diktaturen, Autokratien und Demokratien. Doch glaube ich, dass eine Buchhaltung die Transparenz von Entscheidungen erhöht und damit ein wesentliches Instrument einer erfolgreichen Demokratie ist. Sicherlich will ich keine Ökodiktatur, doch die wird wahrscheinlicher ohne Ressourcenbuchhaltung, wenn es keine Verantwortung gibt. Mit Hilfe des Footprint kann man Regierungen und deren Entscheidungen beurteilen. Das sind fundamentale Dimensionen für die Demokratie, besonders für eine, die in einer ökologisch knappen Welt bestehen will. An der Transparenz hängt die Zukunft der Menschheit, im Guten wie im Schlechten. Auf jeden Fall wollen wir nicht, dass die Wissenschaft der guten Buchhaltung verfälscht, verharmlost oder durch bestimmte

Interessen manipuliert wird. Das ist die zentrale Aufgabe des Global Footprint Network.

Beyers: Wie stehst du zu *fair fly*? Dazu, dass man für seine Flüge einen bestimmten Betrag entrichtet, der zum Beispiel dafür genutzt wird, Wälder aufzuforsten? So kann man seine Flugmeilen gleichsam neutralisieren. Ist das nicht eine Form des Ablasshandels?

Alle Lösungsansätze ausprobieren!

Wackernagel: Wir Menschen sind mittlerweile in einer solchen Klemme, dass wir alles ausprobieren müssen, um unsere Ressourcenabhängigkeit zu verkleinern. Bisher war es so, dass die Dienstleistung der Natur, Kohlendioxid abzubauen, gratis war. Mit *fair fly*-Angeboten entsteht schon mal ein freiwilliger Markt. Aber der Preis für den „Ablass" ist noch viel zu niedrig. Wenn es einen funktionierenden Markt gibt, steht mehr Geld zur Verfügung, um das Naturkapital zu regenerieren und Nachhaltigkeit voranzutreiben. Außerdem kann die Kaufkraft dann nicht mehr an anderer Stelle eingesetzt werden. Und wenn der Preis hoch genug ist, werde ich und werden viele andere auch weniger fliegen. Daher sollten wir Initiativen wie *fair fly* ausprobieren, um herauszufinden, was funktioniert und was nicht. Immerhin schaffen Kompensationszahlungen wirtschaftliche Möglichkeiten. Wenn wir die Situation Ernst nehmen, müssen wir so etwas in größerem Maßstab einführen. Freiwilliger Konsumverzicht reicht nicht. Und solche neuen Kompensationszahlungen wie *fair fly* Ablass zu nennen und damit dem Zynismus Vorschub zu leisten, hat auch seine Kosten: Wird der Zynismus zur Ausrede, nichts zu tun, dann wird es gefährlich. Schon heute hat nichts zu tun gravierende Folgen. Ist es übertrieben, unser kollektives Nichtstun als Verbrechen gegen die Menschheit zu bezeichnen?

Beyers: Achtung, jetzt wirst Du schon fast zum Moralisten... Schauen wir Overshoot doch mal von einer anderen Seite an: Wie viel unberührte Natur, wie viel Biodiversität braucht der Planet?

Wer bekommt den Fisch?

Wackernagel: Der Brundtland Report von 1987 *Our Common Future* hat vorgeschlagen, dass zwölf Prozent der Landflächen für den Naturschutz reserviert werden sollen. Diese Zahl war eher politisch motiviert. Global sind wir mittlerweile mit dem Natur- und Landschaftsschutz etwa in dieser Größenordung. Leider sind viele der Flächen marginal und repräsentieren nur einen deutlich kleineren Teil der Biokapazität der Welt. Biologen haben Rechnungen angestellt, wie viel Biosphäre nötig wäre, um bestimmte Teile der Artenvielfalt aufrechtzuerhalten. Leider werden aber schon viele der wertvollsten Gebiete von Menschen stark genutzt. Damit braucht es mehr sekundäre Fläche, denn die am besten geeignete ist schon nicht mehr verfügbar. Professor E.O. Wilson[92] fasst seinen Wunsch ganz einfach zusammen: Wir sollten die Hälfte der Biokapazität als unser wichtigstes Erbe und Investition in die Biodiversität unter Schutz stellen. Leider aber tun wir das – noch – nicht. Wir reagieren zu langsam. Einige sagen, es ist wie mit einem Flugzeug, bei dem man die Nieten herauszieht – wie weit kann man gehen, bis es auseinander bricht? Die Natur ist wesentlich zäher als Flugzeuge. Dadurch bekommt die menschliche Zerstörung zu wenig Rückkopplung.

Beyers: Wie wird es weitergehen?

Wackernagel: Das Traurige für die Biodiversität ist wahrscheinlich, dass wir in einem ziemlich verarmten Ökosystem – weil es eben so zäh ist – immer noch überleben können. Wenn man sich zum Beispiel die Niederlande anschaut: eine reine Kunstlandschaft. Und es geht immer noch weiter. Bis wir die Rückkopplung spüren und die fehlende Biodiversität uns direkt bedroht, wird die Welt schon recht verödet sein. Wir müssen reagieren, bevor wir die Konsequenzen spüren, wenn wir nicht in einer verarmten Welt leben wollen. Wir verlieren schöne Vögel, wir verlieren Primaten, vielleicht auch das Nashorn. Aber für den Menschen geht es weiter. Die Frage ist: Wer bekommt den Fisch? Der Seelöwe oder wir? Beide werden ihn nicht bekommen. Die Menschen sind eine der flexibelsten Arten, wir können in allen Klimazonen überleben. Wir sterben sicher nicht als erste aus.

Beyers: Der Footprint ist seinem Wesen nach ein Indikator. Mit Stärken und Schwächen. Eine Schwäche des Bruttoinlandsprodukts ist zum Beispiel, dass jeder Autounfall als wirtschafts- und wachstumssteigernde Aktion gesehen wird.

Wackernagel: Wesentlich ist, sich darüber klar zu sein, welche Frage ein Indikator wirklich beantwortet. Das Problem entsteht, wenn der Indikator als Antwort auf eine andere Frage genutzt wird. Wenn es uns materiell besser geht, sind wir dann glücklicher? Diese Frage beantwortet das Bruttoinlandsprodukt nicht. Aber oft wird es dafür in Anspruch genommen. Das Bruttoinlandsprodukt gibt durchaus brauchbare Antworten auf bestimmte Fragen. Und es stimmt, es sieht die Mehrausgaben in Folge eines Autounfalls als Zunahme des Bruttoinlandsprodukts. Aber das sind defensive Ausgaben, die langfristig nicht produktiv sind. Es sind Kosten, die die Produktivität der Ökonomie unterwandern. Das heißt, im nächsten Jahr wird es schwieriger, das Bruttoinlandsprodukt aufrecht zu erhalten, wenn man zu viele defensive Ausgaben hat. Und glücklicher machen sie uns auch nicht.

Beyers: Dann wollen wir dem Bruttoinlandsprodukt gegenüber nicht ungerecht sein.

Wackernagel: Das Bruttoinlandsprodukt ist für das, was es tut, brillant konstruiert. Es ist eine Buchhaltung der Wertschöpfung – wie der Footprint eine Buchhaltung der Biokapazität ist. Die Frage des Bruttoinlandsprodukts lautet: Wie viel Wertschöpfung sehen wir in den Märkten einer Wirtschaft pro Jahr? Daher sollte es besser Bruttoinlands-Markttransaktionen heißen. Damit ist der Indikator blind für alle Wertschöpfungsprozesse außerhalb des Marktes, zum Beispiel nicht monetarisierte Arbeit wie Kindererziehung oder ehrenamtliche Arbeit. Wertschöpfung wird aufgefasst als das, was die Leute und ihre Regierungen willens sind zu bezahlen. Nicht schlecht, wenn wir das wissen – aber es gibt noch viel anderes Wissenswertes, um gute öffentliche Entscheidungen zu fällen. Der Punkt ist: Ohne klare, messbare Forschungsfrage ist ein Indikator nutzlos. Wir haben allerdings eine andere Frage als das Bruttoinlandsprodukt und wir glauben, dass unsere relevanter für die Nachhaltigkeit ist.

Beyers: Und die lautet?

Was der Footprint kann – und was nicht

Wackernagel: Wie viel der regenerativen Kapazität der Erde wird von menschlichen Aktivitäten verbraucht? Der Footprint kommuniziert Overshoot und bringt das Phänomen auf die einzelnen Aktivitäten zurück. Wie bauen sich die einzelnen menschlichen Aktivitäten zu einem großen Ganzen zusammen, auch im Verhältnis zu dem, was die Erde im selben Jahr erneuern kann?

Beyers: Womit wäre der Footprint überfordert?

Wackernagel: Wenn man die ganze Ökonomie und Politik nur nach dem Footprint ausrichten würde, dann lägen wir auch falsch. Das Ziel ist ja: Wir wollen die Lebensqualität der Menschen absichern. Eine notwendige Bedingung dafür ist, dass wir nicht mehr verbrauchen, als die Erde erneuern kann. Darüber hinaus gibt es natürlich andere Dinge. Wir müssen auch schauen, dass wir Krankheiten in Schach halten. HIV/Aids oder Malaria beispielsweise haben keinen Footprint – das macht sie nicht weniger wichtig. Zu viel Lärm ist auch nicht lustig. Oder hässliche Städte und Landschaften sind eben so wenig erstrebenswert. Ungerechtigkeit kann zerstörerisch sein und ist unmenschlich. Ungleichen Zugang zu Ressourcen kann der Footprint zwar messen, aber das ist nur ein kleiner Teil der Ungerechtigkeit. Da brauchen wir noch andere Messgrößen.

Beyers: Das Global Footprint Network versteht sich ja so, dass es die Methode hoch hält und die Standards pflegt. Das Ganze wird von einem Team organisiert. Es ist ein offener, ein transparenter Prozess. Gibt es Einwände gegen den Footprint, die du selber bedenkenswert findest?

Einwände

Wackernagel: Da gibt es eine lange Liste. Beispielsweise: Wie gehen wir mit der Atomenergie um? Es ist nicht einfach zu sehen, wie die Biokapazität dadurch beeinflusst wird. Das heißt nicht, dass man keine Bedenken gegen Atomenergie haben kann. Aber da sind andere Dimensionen ausschlaggebender – militärische Proliferation, Kosten, Risiken. Eine schwierige Frage. Oder das Verhältnis von Biokapazität und Biodiversität – auch nicht einfach. Oder der biologische Landbau: Hat er einen großen oder einen kleinen Fußabdruck? Ich weiß es nicht genau. Es ist durchaus möglich, dass der biologische Landbau pro Ernteeinheit einen größeren Footprint hat als der konventionelle. Aber biologische Landwirtschaft ist trotzdem besser. Weil auch Fragen der menschlichen Gesundheit, der Artenvielfalt und der langfristigen Produktivität hineinspielen. Sicher ist es auch vernünftiger, so zu produzieren, dass man den Boden nicht zerstört. In der Folge ist der Ertrag einfach geringer. Das heißt nicht, dass wir hungern müssen: Wir könnten weniger Fleisch und müssten mehr Gemüse essen. Was wahrscheinlich auch gesünder wäre. Der Footprint steht sicher nicht für eine Universalweisheit. Er behandelt eben nur eine bestimmte, und ich denke, wesentliche Frage.

Beyers: Im Zusammenhang mit fossiler Energie und Klimawandel betrachtet der Footprint ja ausschließlich das Kohlendioxid. Es gibt aber noch andere Treibhausgase, zum Beispiel Methan. Was ist mit denen?

Wackernagel: Langfristig sollten wir die anderen Treibhausgase in die Methode integrieren. Wir wollen das sorgfältig machen, so dass dieser Druck auf die Natur dann auch den entsprechenden Konsumgütern zugerechnet werden kann. Wir wollen eher auf der konservativen Seite sein, statt zu übertreiben, um nicht als Schwarzmaler da zu stehen. Lieber weniger, einfacher und nicht spekulativ, als zu detailliert, aber kompliziert und angreifbar.

Beyers: Eine Kritik lautet, dass der Carbon-Footprint nur hypothetisch, nicht real sei. Wie siehst du das?

Wackernagel: Kohlenstoff-Emissionen können wir nicht sehen, aber sie sind materiell und messbar. Es ist ein Strom von Abfällen, der von Ökosystemen aufgenommen werden kann. Für die heutigen Mengen an Kohlendioxid hätten wir sogar ausreichend Flächen auf der Erde, um es zu absorbieren. Aber dann hätten wir deutlich weniger Kapazität, um Kartoffeln, Milch oder Holz zu produzieren. Das ist also keine praktikable Lösung. Ökologische Services, die wir in Anspruch nehmen, stehen untereinander im Wettbewerb. Konzeptionell ist daher der Carbon-Footprint in Ordnung. Wir sagen auch nicht, dass das Kohlendioxid-Problem durch Aufforsten gelöst werden könnte. Im Gegenteil. Unsere Zahlen zeigen, dass der Zustrom von neuem Kohlenstoff so enorm ist, dass die ökologischen Services eben nicht mehr ausreichen, wenn wir zugleich alle anderen Services wie Nahrung, Stadtflächen und Holz wollen. Aufforsten kann ein Beitrag sein, aber nicht die alleinige Lösung. Aber der Teufel steckt im Detail. Es gibt noch nicht einmal verlässliche Daten, die zeigen, ob die Kapazität der Wälder zu- oder abnimmt. Mit der Klimaveränderung wird es trockener, es gibt neue Schädlinge. Das kann zu massiven Einbußen der Produktivität des Waldes führen, während sie sich an neue Klimaverhältnisse anpassen. Von daher ist die Datenlage, auf der wir aufbauen, nicht unproblematisch.

Wie genau sind die Footprintzahlen?

Beyers: Eine Kritik am Footprint lautet, er sei ein hoch aggregierter Indikator und als solcher im Detail mit vielen Unschärfen belastet.

Wackernagel: Der Footprint ist ein ebenso aggregierter Indikator wie das Bruttoinlandsprodukt. Beide sind Buchhaltungssysteme, beide geben Antworten auf eine spezifische, konsistente und klare Frage. In diesem Sinne lassen sich die Zahlen dann interpretieren und auf einzelne Bereiche herunterrechnen. Mit Hilfe des Bruttoinlandsprodukts kann man beispielsweise sehen, aus welchem Wirtschaftssektor die Wertschöpfung kommt. Ebenso kann der Footprint, auf Länderebene beispielsweise, den Naturverbrauch sehr differenziert beschreiben. Der Footprint ist wissenschaftlich sicher noch nicht so reif wie das Bruttoinlandsprodukt, das immerhin über einen Zeitraum von 100 Jahren entwickelt und vor über 60 Jahren als öffentliches Messinstrument von vielen Nationen eingeführt worden ist. Aber auch dieses Instrument wird ja noch verfeinert, ebenso wie der Footprint.

Beyers: In wieweit helfen die Footprint-Zahlen, wenn es um die Planung im Detail geht, beispielsweise bei Städten?

Wackernagel: Beim Bau der BedZED-Siedlung in London hatte man sich zum Ziel gesetzt, innerhalb der 2,1 globalen Hektar zu bleiben, die global pro Kopf zur Verfügung stehen. Das hat man nicht ganz geschafft. Mag sein, dass dies mit dem heutigen Stand der Footprint-Methode relativ aufwendig zu messen ist. Aber es funktioniert, es ist konsistent und es beschreibt nicht nur Teile des Konsums, sondern das Ganze. Mit Hilfe des Footprint kann man für Siedlungen oder Stadtteile genau sagen, wie viel Natur für Autos verbraucht wird, wie viel für den öffentlichen Verkehr, wie viel für die Gebäudeheizung, wie viel für den Fleischverbrauch. Dafür benötigt man allerdings ein gewisses Datengerüst, vor allem auf nationaler Ebene. Der Footprint zeichnet eine absolute Linie, ähnlich wie die Plimsoll-Marke an der Bordwand von Schiffen. Sie zeigt, wie weit wir das Schiff beladen können, ohne es in Gefahr zu bringen.[93]

Ist der Footprint gerecht?

Beyers: Die Niederlande haben Pech, dass sie so dicht besiedelt sind. Russland dagegen – die einzige große Macht, die sich selber noch mit fossiler Energie versorgen kann – ist von der Natur mit großen Reichtümern ausgestattet. Ein geologischer Zufall, aber auch ungerecht.

Wackernagel: Gerecht hin, ungerecht her, wenn die Weltbank ihre Zahlen des Bruttoinlandsprodukts präsentiert, gibt es auch keine Demonstrationen in den Straßen Washingtons, dass die Zahlen ungerecht seien, weil in Äthiopien weniger verdient wird als in den USA. Diese Zahlen sind einfach eine

Beschreibung. Es ist so. Und ja, es ist ungerecht, dass ein Bauer einen großen Bauernhof hat, ein anderer einen kleinen und wieder ein anderer gar keinen hat. Aber es ist beschreibbar. Wir beschreiben was ist. In diesem Sinne beschreiben wir auch die Ressourcenungerechtigkeit.

Beyers: Wo steht die Footprint-Methode in zehn oder 20 Jahren?

Wackernagel: Wenn wir gehört werden und erfolgreich sind, wird es dicke und arg langweilige Standardbücher und Konferenzen der statistischen Ämter geben, die vorschreiben, wie der Footprint genau weiterentwickelt werden soll. Und je standardisierter die Methode ist, desto schwieriger und teurer wird es, sie zu verändern und anzupassen. Die Zahlen werden vielleicht gar für internationale Verhandlungen und Kompensationszahlungen genutzt. Da kommt es darauf an, dass sie verlässlich sind.

Beyers: Siehst du irgendwo einen Indikator, der in Konkurrenz zum Footprint steht?

Alternative Methoden?

Wackernagel: Ich wäre froh, es gäbe so etwas. Mein Onkel hat vor 50 Jahren seine Dissertation in Chemie geschrieben. Nach zwei Jahren Forschung hat er herausgefunden, dass ein anderer dasselbe Problem bereits aufgegriffen und gelöst hatte. Da musste er mit seiner Dissertation noch einmal von vorne anfangen. Daran dachte meine Mutter, als sie mich vor Jahren fragte: „Was macht denn deine Dissertation?" „Na, ich rechne aus, wie viel Natur haben wir, wie viel brauchen wir?" „Das ist aber wahnsinnig leichtsinnig", meinte sie. „Pass auf, dass es dir nicht so wie deinem Onkel ergeht. Das hat vor dir doch sicher schon jemand anderer gemacht." So gesehen ist es schon erstaunlich, wie wenig auf dem Gebiet gemacht wird. Weil die Frage so offensichtlich ist.

Beyers: Was gibt es denn nun an Alternativen?

Wackernagel: Es gibt Vergleichbares, etwa die *Net Primary Productivity*. Die Methode fragt: Wie viel kann ein Ökosystem produzieren? Wie viel davon wird vom Menschen geerntet? Diese Methode kann jedoch nicht klar bestimmen, wie viel von dieser Produktion genutzt werden kann, wo die Grenzen sind. Es ist eine verwandte, aber nicht die gleiche Frage. Sie ist komplementär, da sie die Tiefe des Footprint messen kann – wie intensiv ein Ökosystem genutzt wird. Und dann gibt es natürlich noch andere Messgrößen, die sehr wesentlich sind und die wir auch verwenden. Zum Beispiel Statistiken zu physischen Massenflüssen. Wenn wir unsere Statistiken nur auf Geldflüsse reduzieren, werden wir blind. Wir brauchen die Informationen über Massenflüsse, im Handel wie in der Produktion, um sie dann umzurechnen: Wie viel Natur braucht es, um die Massenflüsse aufrecht zu erhalten? Daher begrüßen wir, dass Berechnung und Analyse von internationalen Massenflüssen und auch die Entwicklung von *life cycle assessment* zur Bestimmung von Produktmassenflüssen immer stärker werden. Unsere Analysen hängen von diesen Statistiken und Resultaten ab.

Beyers: Werfen wir noch mal einen Blick auf die Footprint-Landkarte mit ökologischen Schuldnern und Gläubigern. Wenn ein Land über viel Biokapazität verfügt, heißt das offensichtlich nicht, dass dies auch der Bevölkerung zugute kommt. Im Gegenteil, viele afrikanische Staaten sind von der Natur gesegnet und die Bevölkerung hungert. Geht so etwas in die Footprint-Rechnungen ein?

Wackernagel: Ja und nein. Auf der einen Seite dokumentieren wir: Hier gibt es viel Kapazität, dort weniger. Dann können wir vergleichen. Wie viel geht in die ökonomische Maschine hinein? Wie viel wird von den Endkonsumenten aufgebraucht? Wie viel kommt durch Importe rein und wie viel verlässt das Land als Export? Dabei zeigt sich bereits einiges. Mit weiteren Analysen können wir aufzeigen, wer welchen Anteil des Footprint bekommt. Die Statistiken sind nicht immer so genau, aber man kann abschätzen, wie viel Biokapazität in welchen Bevölkerungsschichten konsumiert wird. Ein ökologischer Gläubiger zu sein, ist nicht immer nur ein gutes Zeichen. Es gibt Extremsituationen wie zum Beispiel in Afghanistan, im Tschad, in Somalia oder im Sudan, wo wegen der Gewalttaten oder des Bürgerkriegs gewisse Teile des Landes unzugänglich werden. Dort können die Menschen ihre Felder und Wälder nicht voll nutzen, obwohl sie potenziell über zusätzliche Biokapazität verfügen. Diese Länder erscheinen dann wieder als Gläubiger, weil sie mehr Kapazität haben, als sie nutzen. Auch wenn sie in absoluten Zahlen über relativ wenig Biokapazität verfügen.

Beyers: Was können Politiker mit euren Footprint-Zahlen anfangen?

Wackernagel: Die erste Frage lautet: Sehen sie die Herausforderungen des 21. Jahrhunderts so, wie wir sie sehen? Vor allem Overshoot. Und weiter: Wie werden sich die Footprint- und Biokapazitätstrends für die Wettbewerbsfähigkeit ihres Landes auswirken? – Für uns ist das wie ein Zeichen an der Wand und wir denken, Overshoot wird zu einer bestimmenden Kraft werden. Länder, die ökologische Schuldner sind und zugleich über wenig Kaufkraft verfügen, werden die ersten Opfer sein – oder sind sie schon heute. Sie können sich auf diese Situation nicht einstellen. Das übersetzt sich direkt in menschliches Leiden. Länder, die sich nicht schnell genug vorbereiten, werden unter Druck geraten.

Beyers: Diese Länder gibt es ja bereits.

Spielregeln des 21. Jahrhunderts

Wackernagel: In Haiti oder Darfur ist die Ressourcenlage so knapp, dass die Wirtschaft praktisch zusammengebrochen ist. Was die Natur hervorbringt, reicht nicht mehr aus, um die heimische Bevölkerung voll zu ernähren. Und die Leute sind zu arm, um die fehlenden Güter zu importieren. Sozial wird das zur Katastrophe und produziert unsäglich schwierige und zerstörerische Lebensumstände. Diese Gebiete spielen aber an der Wall Street keine große Rolle. Deshalb nehmen wir reichen Leute sie kaum wahr. Das könnte sich aber ändern. Mit zunehmender Ressourcenknappheit wird es weitere Kreise betreffen und politische Instabilitäten können zu internationalen Konfliktherden werden. Aber es kann uns auch direkt betreffen: Die alten Spielregeln funktionieren nicht mehr. Neue Regeln treten an ihre Stelle. Ressourcenzugang wird immer mehr zum Wirtschaftsfaktor. Städte oder Staaten müssen dann zum Beispiel aufpassen, dass ihr ökologisches Defizit nicht größer wird, andernfalls manövrieren sie sich aus dem Spiel. Bei sämtlichen Entscheidungen, ob es um Straßen- oder Dammbau geht, um Fragen der Stadtplanung, um Investitionen jeglicher Art, müssen sie sich fragen: Wie wird das die Dynamik zwischen unserem Ressourcenverbrauch und unserem Angebot verändern? Wird uns das stärken? Oder eher verwundbar machen?

Beyers: Ein Beispiel bitte!

Wackernagel: In den USA postulierte der Bürgermeister von Oakland: Sollen wir horizontale oder vertikale *suburbs* bauen? Wollen wir hohe Lebensqualität in dichten Wohnlagen ins Zentrum der Städte bringen? Nicht zu dicht, nicht mit hohen, Energie fressenden Wolkenkratzern. Man könnte zum

Beispiel Oakland, wo unser Hauptsitz ist, in eine Art Paris umbauen, mit größeren Bevölkerungsdichten, vier- bis sechsstöckigen Häusern, mit hoher Lebensqualität, und zwar *downtown*. Das wäre eine Investition in ressourceneffiziente Lebensstile. Paris wurde ja wesentlich vor dem Ölzeitalter gebaut. Die Stadt musste also sehr effizient sein, denn Energie war teuer. Städte über eine Million Einwohner werden wohl auch nicht mehr so gut funktionieren. Die Versorgungswege werden zu lang.

Effizienz ist kein Allheilmittel

Beyers: Effizienz ist eine Art Zauberwort geworden. Footprint-Zahlen zeigen uns dagegen, dass trotz Effizienzsteigerung die Übernutzung zugenommen hat. Mit Hilfe der Effizienz kann man aus einem gegebenen Stück Natur mehr Produkte und Dienstleistungen gewinnen. Aber damit kann man das Angebot der Natur nicht vermehren.

Wackernagel: Es ist eher selten, dass man Effizienz nutzt, um weniger Ressourcen zu verbrauchen. Ohne entsprechende Rahmenbedingung führt sie typischerweise zum Mehrverbrauch. Effizientere Langstreckenjets fliegen jetzt weitere Routen, dazu noch öfter und billiger. Der Gewinn wird aber selten genutzt, um Ressourcen zu schonen. Das könnte allerdings geschehen, wenn Effizienzsteigerungen mit ökologischer Steuerreform kombiniert würden. Effizienz als Allheilmittel zu verkaufen ist wohl etwas naiv. Bill Rees, mit dem ich Anfang der 1990er den Footprint entwickelt habe, hat mal ein Schiff, das zu sinken droht, auf ein Stück Papier gezeichnet. Dort malte er dann fünf Hummer, die schweren Geländewagen, drauf. Was geschieht wohl? Dann zeichnete er das gleiche Bild mit fünf Prius' an Deck. Was passiert? Das Schiff geht ebenfalls unter. Wo ist der Unterschied? (Lacht) Effizienz, die zu mehr Verbrauch führt, rettet uns nicht. Sie geht in die falsche Richtung – vielleicht ein bisschen langsamer.

Realitätscheck

Beyers: Overshoot beenden – wie könnte das überhaupt gehen? Ihr habt dafür drei Szenarien entwickelt. Sie folgen der Footprint-Logik. Die Welt ist aber doch komplizierter. Was bringen sie dann?

Wackernagel: Der Mehrwert vom Footprint ist der: Die üblichen Szenarien sind nach dem Prinzip des „Was wollen wir?" aufgebaut. Doch diese Wünsche werden kaum hinterfragt, ob sie ökologisch überhaupt möglich sind. Der Footprint zwingt die Szenarienbauer dazu, ihre Annahmen offen zu legen, wie viel Biokapazität sie tatsächlich benötigen. Wir offerieren dafür den *reality check*.

Beyers: Der Logik des Footprint folgend gibt es fünf Ansatzpunkte, das Verhältnis von Angebot und Nachfrage bei der Biokapazität wieder ins Lot zu bringen. Beispielsweise, indem die Bevölkerung sinkt oder die Effizienz steigt. Ein weiterer Punkt ist, das Angebot an Biokapazität zu vergrößern. Gibt es dafür auf dem Planeten noch sinnvolle Möglichkeiten, und zwar in einem Maßstab, der wirklich etwas bringt?

Wackernagel: Wenn jemand behauptet, Biokapazität könne schneller wachsen als ungebremster menschlicher Verbrauch, dann bin ich skeptisch. Das war ja auch die Idee der Grünen Revolution. Eine gewisse Zeit lang hat das vielleicht funktioniert. Aber seit Mitte der 1980er wird pro Kopf immer weniger Getreide produziert. Oft hat die Grüne Revolution auch Nebenwirkungen, zum Beispiel den Verlust an Biodiversität oder Verschmutzung, Pestizide usw. Ohne Grüne Revolution wären wir vielleicht noch in einem größeren Schlamassel. Aber die Grüne Revolution hätte wohl mit Nachfragemanagement einhergehen sollen. So haben wir die Chance verpasst. Kurz gesagt, wir brauchen alle Faktoren und müssen alle Ansatzpunkte ausprobieren. Mit dem Footprint verfügen wir nicht über einen Lösungskatalog, wir haben eine Messlatte, um all diese Möglichkeiten miteinander zu vergleichen.

Kollaps

Beyers: Warum habt ihr eigentlich kein Kollapsszenario errechnet?

Wackernagel: Wir wollen nicht Kollaps prognostizieren. Wir wollen Wege aufzeigen, die den Kollaps vermeiden. Und wir wollen auch vor Szenarien warnen, die uns in den Kollaps jagen würden. Wie zum Beispiel die Kombination moderater Szenarien der Vereinten Nationen. Sie sind einfach nicht realistisch. Nicht mal, wenn wir alle negativen Überraschungen ausklammern. Wenn wir aber dazu noch Schwellen erreichen, an denen die Ökosysteme kippen – wenn große Teile des Amazonas trocken fallen und kollabieren, der Permafrostboden auftaut und Methan emittiert, wenn die Polkappen schmelzen oder der Golfstrom zusammenbricht –, wenn dies dazukäme, würde die Schere zwischen der Biokapazität und dem Footprint noch weiter auseinanderklaffen.

Beyers: Ich habe den Eindruck, dass du das Thema Kollaps eher vermeidest. Warum?

Wackernagel: Wir haben noch zu wenige Daten, um beurteilen zu können, wie viele Planetenjahre Schulden wir aufbauen können, bis es zum Kollaps kommt. Der Kollaps kommt schleichend und ist ungleich auf der Welt verteilt. Eine Fischpopulation bricht zusammen, ein Gebiet ist in Wassernot und die Dürre hält an, die Wälder verschwinden und lokale Bevölkerungen verlieren ihren Zugang zu Brennholz, Böden erodieren und versalzen. Ökonomisch übersetzt sich das in massive und andauernde Stagflation. Rückblickend können wir beurteilen, was mit Kuba, mit Nordkorea, mit Ruanda geschehen ist.

Beyers: Du kommst ja viel in der Welt herum. Wie wird der Footprint international aufgenommen?

Footprint-Lesarten

Wackernagel: Sehr unterschiedlich und auch paradox. In England zum Beispiel, denke ich, ist der protestantische Moralismus eine wesentliche Triebkraft hinter der Klimadiskussion und auch hinter dem dort äußerst populären Footprint. Die moralischen Statements sind sehr laut, in den Zeitungen tut sich eine Menge, aber es kommt nicht viel dabei heraus. Es bleibt bei Ressourcenrhetorik. Im Gegenteil, der Footprint wird von den Pragmatikern, besonders in Regierungskreisen, umso heftiger bekämpft.

Beyers: Wie ist das in arabischen Ländern, die ja häufig einen sehr großen Footprint haben?

Wackernagel: Wir arbeiten vor allem in den Vereinigten Arabischen Emiraten. Das Interesse dort hat uns selber erstaunt. Dort beschäftigt sich die Regierung tatsächlich mit dem, was auf sie zukommt. Der Klimawandel und die Ressourcenengpässe werden als Realität anerkannt, mit all ihren Folgen. Sie investieren ihr Öleinkommen, um den Wert zu erhalten – nicht um es einfach aufzubrauchen. Ein Teil ihrer Investition sind ihre Infrastrukturen. Aber sie merken, dass die Infrastrukturen, die sie aufbauen, enorm ölabhängig sind. Wenn das so weitergeht, verlieren diese Strukturen an Wert. Dort baut man ja praktisch „Sonnenkollektoren als Häuser“, also hoch aufragende Glasgebäude ohne Abschattung, in die Wüste hinein. Natürlich sind die nicht als Sonnenkollektoren konzipiert. Das ist nur ein Nebeneffekt, weil man versucht, die ebenfalls nicht besonders effizienten Hochhäuser Manhattans in Dubai zu reproduzieren. Und dann werden diese Türme mit enormem Energieaufwand wieder heruntergekühlt, um darin überhaupt leben zu können – absurd! Das merken sie selber. Der Energieverbrauch dieser Städte ist so enorm, dass sie darüber nachdenken, Kohle für ein Kraftwerk zu importieren, außerdem wollen sie auch noch ein Atomkraftwerk bauen. Deshalb sind die Vereinigten Arabischen Emirate das erste Land in den Golfstaaten, das einen großen Investitionsfonds für erneuerbare Energien eröffnet hat. Der Masdar Fund existiert bereits seit einigen Jahren. Und als eines seiner Projekte gibt es jetzt Masdar City als weitere Antwort.[94] Die Zuständigen sehen das allerdings selber noch als Experiment.

Mathis' Traum

Beyers: Du hast einmal gesagt, euer größter Traum sei, dass die Vereinten Nationen den Footprint übernehmen. Was würde denn in zehn Jahren geschehen, wenn er in Erfüllung ginge?

Wackernagel: Während des Zweiten Weltkriegs haben die Amerikaner das Bruttoinlandsprodukt zum ersten Mal systematisch angewendet. Sie wollten wissen, welches Risiko höher war: den Krieg militärisch oder ökonomisch zu verlieren? Nach dem Zweiten Weltkrieg war das Finanzkapital knapp und die menschliche Not groß. Daraus ist der Marshallplan entstanden. Um das vernünftig managen zu können, brauchte man als Messinstrument das Bruttoinlandsprodukt. Die Vereinten Nationen haben eine führende Rolle dabei gespielt, diese Messmethode zu verbessern, zu standardisieren und weltweit anzuwenden. Nun merken wir alle, dass das ökologische Kapital mindestens so limitiert ist wie das Finanzkapital, wenn nicht gar mehr. Darum braucht das ökologische

Kapital ein vergleichbares Instrument. Dass die UN-Institutionen beim Footprint eine ähnliche Rolle spielen, wie sie es beim Bruttoinlandsprodukt getan haben, das ist unsere große Hoffnung. Wenn jedes Land den Footprint nur für sich selber nutzt, sind die Resultate nicht vergleichbar. Wir müssen vor allem sehen, wie die Länder als Welt zusammenhängen. Letztlich leben wir doch in einer globalen Biosphäre. Wir geben zu: Wir brauchen eine bessere Buchhaltung, als der Footprint es heute kann. Deshalb muss die Methode verbessert werden. Wir sollten Länder finden, die mutig genug sind, um Vorreiter zu sein, die Methode selber auszuprobieren, Verbesserungen voran zu treiben und somit die bessere ökologische Buchhaltung anderen zur Verfügung zu stellen. Die Mutigen werden im Vorteil sein, da sie sich länger und besser auf das 21. Jahrhundert vorbereiten können.

Beyers: Wo wird der Footprint denn in zehn oder 20 Jahre stehen? Vorausgesetzt, er entwickelt sich so, wie du es dir erhoffst.

Wackernagel: Ich hoffe, wir brauchen den Footprint irgendwann gar nicht mehr. Die ideale Welt ist keine Footprint-Welt. Folgen wir den Footprint-Rechnungen und handeln danach, wird es eine bessere Welt als die heutige sein. Der Footprint ist ein Transformations-Instrument, das den Stellenwert des Naturkapitals ermittelt. Hoffentlich nicht nur für uns, sondern auch für alle anderen Tier- und Pflanzenarten, mit denen wir diesen Planeten teilen. Vielleicht wird es uns sogar gelingen, weit unterhalb der biologischen Kapazität zu leben. Dann werden wir sehen, dass das nicht nur stabiler und sicherer ist, sondern auch befriedigender.

Anmerkungen

Footprint – Das Instrument

1 Der globale Hektar ist ein Terminus der Footprint-Methode, siehe Kapitel: Felder, Wälder und Ozeane – Wie viel Biokapazität ist vorhanden?

2 Nicht inbegriffen ist dabei der Teil des Kohlendioxids, der bereits von den Ozeanen absorbiert wird.

3 Daily, Gretchen (editor): Nature's Services: Social Dependence on Natural Ecosystems. Washington DC. 1997

4 Errechnet in der Ausgabe 2008 der National Footprint Accounts.

5 Genau genommen handelt es sich hier um globale Hektar. Was dahintersteht, und wie dieser Parameter berechnet wird, dazu später mehr.

6 www.footprintcalculator.org | www.ecofoot.org www.mein-fussabdruck.at | www.footprint.ch

7 Rees, William: The Regional Capsule Concept: An Heuristic Model for Thinking about Regional Development and Environmental Policy. Concept Note, School for Community and Regional Planning, The University of British Columbia. Vancouver 1986

8 www.citylimitslondon.com

9 Jevons, William Stanley: The Coal Question (1865). New York 1965

10 Die Idee zur dieser „Meditation" entstammt aus: Heinberg, Richard: The Party's over. Oil, War and the Fate of Industrial Societes. Gabriola Island 2005, S. 186

11 Heinberg, Richard: The Party's over. Oil, War and the Fate of Industrial Societies, Gabriola Islands 2005, S. 195

12 Der folgende Text stützt sich auf: Girardet, Herbert: Die Schaffung lebenswerter und nachhaltiger Städte. In: Girardet, Herbert (Hrsg.): Zukunft ist möglich. Wege aus dem Klima-Chaos. Hamburg 2007, S. 182 ff

13 Smil, Vaclav: The Earth's Biosphere. Evolution, Dynamics, and Change. Cambridge, Mass. 2003, S. 19

14 „Mit den Begriffen Primärproduktion oder Primärproduktivität bezeichnet man die Menge an organischem Material, die von autotrophen Organismen auf einer bestimmten Fläche und in einem bestimmten Zeitraum fixiert (aus Sonnenenergie umgewandelt) wird. Meist gibt man sie als Rate – etwa als Menge pro Tag oder Jahr – an, einschließlich des Anteils, den die Pflanzen für ihre eigenen Bedürfnisse verwenden –, während die Nettoprimärproduktion der Menge entspricht, die von den Pflanzen (nach Abzug des Eigenbedarfs für die Atmung) gespeichert wird und daher für Heterotrophe zumindest potentiell verfügbar ist." Odum, Eugene P.: Prinzipien der Ökologie. Lebensräume, Stoffkreisläufe, Wachstumsgrenzen. Heidelberg 1991, S. 91

15 Es gibt verschiedene Abschätzungen, wie viel dieser Kapazität vom Menschen genutzt wird. Eine neue Studie zeigt, dass die Menschheit derzeit ein Viertel der gesamten terrestrischen net primary productivity des Planeten für sich in Anspruch nimmt. Für eine einzelne Spezies ist das erheblich. Tendenz steigend. Auch ist zu bedenken, dass nicht 100 Prozent der Kapazität genutzt werden kann, bevor es zum Kollaps kommt. Da hilft der Footprint, denn er vergleicht direkt die tatsächliche menschliche Nutzung mit der Biokapazität, die vom Menschen genutzt werden kann. Siehe Haberl, Helmut; Erb, K. Heinz u.a.: Quantifying and mapping the human appropriation of net primary production in earth's terrestrial ecosystems. 08/02/08 www.pnas.org/cgi/content/abstract/104/31/12942. Net primary productivity ist nützlich um abzuschätzen, wie intensiv Ökosysteme genutzt werden. Aber die Methode produziert weniger präzise Resultate, wenn ökologische Produktion mit menschlicher Ernte verglichen werden soll.

16 Gebrauch und Nutzen für den Menschen unterliegen einem historischen Wandel. Das wird bei der kontinuierlichen Arbeit in der Optimierung der Footprint-Standards bedacht.

17 Technische Einzelheiten finden sich im Footprint Atlas, dem Method paper, und dem Guide book (alle auf Englisch). www. footprintnetwork.org/atlas

18 Bis auf wenige Ausnahmen. In der Tiefsee existieren beispielsweise Ökosysteme, die durch geothermische Energie gespeist werden.

19 Pearce, Fred: When the Rivers Run Dry. What Happens when our Water Runs out? London 2007

20 Kareiva, Peter; Watts, Sean; Mc Donald, Robert; Boucher, Tim: Domesticated Nature: Shaping Landscapes and Ecosystems for Human Welfare. Science 2007

21 Siehe die Arbeiten von Stefan Bringezu vom Wuppertal Institut für Klima, Umwelt, Energie: www.dematerialisierung.de/politik/bringezubroktober-2006/interview-bringezu. Ebenso: Bringezu, Stefan; Bleischwitz, Raimund: Sustainable Resource Management. Global Trends, Vision and Policies. Sheffield 2009

22 Die historische Skizze folgt in wesentlichen Teilen: Sieferle, Rolf Peter; Krausmann, Fridolin; Schandl, Heinz; Winiwarter, Verena: Das Ende der Fläche. Zum gesellschaftlichen Stoffwechsel der Industrialisierung. Köln, Weimar, Wien 2006. Siehe auch: Jäger, Jill: Was verträgt unsere Erde noch? Wege in die Nachhaltigkeit. Frankfurt a. M. 2007, S. 112 ff

23 Wuppertal Institut für Klima, Umwelt, Energie (Sachs, Wolfgang, Herausgeber): Zukunftsfähiges Deutschland in einer globalisierten Welt. Ein Anstoß zur gesellschaftlichen Debatte. Frankfurt a. M. 2008, S. 36

24 Yergin, Daniel: The Prize. The Epic Quest for Oil, Money and Power. New York 2003, S. 494 ff, 541 ff

25 Der Begriff geht auf Friedrich Schmidt-Bleek zurück.

26 Brown, Lester R.: Outgrowing the Earth. The Food Security Challenge in an Age of Falling Water Tables and Rising Temperatures, New York 2005

27 Jil, die Tochter von Bert Beyers, ist 1997 geboren; Andre, der Sohn von Mathis Wackernagel, 2001.

28 Franz Josef Radermacher hat mit einem mathematisch und systemisch geschulten Blick die äußerst erfolgreiche Entwicklung des Superorganismus Menschheit, angetrieben durch Kommunikation, Interaktion und technische Innovation, beschrieben. Aus dieser Warte analysiert er auch den historischen Übergang vor dem die Menschheit im 21. Jahrhundert steht. Denn so viel ist sicher: Das Wachstumsmuster in der Bevölkerungsentwicklung, wie es über Millionen Jahre existiert hat, wird abbrechen. Ein anderes Muster wird folgen. Zugleich steht der Superorganismus Menschheit in Gefahr, sein Biotop, die Erde, über ihre natürliche Tragfähigkeit hinaus zu belasten. Siehe: Radermacher, Franz Josef; Beyers, Bert: Welt mit Zukunft. Überleben im 21. Jahrhundert, Hamburg 2007

29 Technische Einzelheiten siehe www.footprintnetwork.org/atlas

30 Matthews, Emily, u.a.: The Weight of Nations. Material Outflows from Industrial Economies. World Resources Institute, Washington D.C. 2000. www.wri.org

31 Wer über welche Ressourcen verfügt, wer Gewinner, wer Verlierer ist und wie sich die geopolitischen Gewichte in Zukunft verschieben könnten – diese Fragen werden in Kapitel 2 (Footprint – Herausforderungen im 21. Jahrhundert) behandelt.

32 Die Zahlen basieren auf Datensätzen der Food and Agriculture Organization (FAO) der Vereinten Nationen und gelten für das Jahr 2005.

33 Ponting, Clive: A New Green History of the World. The Environment and the Collapse of Great Civilisations. London 2007, S.71 ff

34 Meadows, Donella und Dennis; Randers, Jorgen: Grenzen des Wachstums – Das 30-Jahre-Update: Signal zum Kurswechsel. Stuttgart 2008

35 Technische Einzelheiten siehe www.footprintnetwork.org/atlas

36 Allerdings, viele Probleme wie die Entwaldung oder der Verlust von Boden, werden von den Datensätzen, die uns zur Verfügung stehen, nicht hinreichend beschrieben.

37 Mit dem amerikanischen Ökonomen Herman Daly kann die Phase

vor dem Erreichen des globalen Overshoot als „empty world" bezeichnet werden. Während dieser Zeit war das Angebot an Fläche und Ressourcen kein limitierender Faktor für Wachstum. Die jährlichen Ressourcen- und Energieflüsse waren zur Befriedigung der menschlichen Bedürfnisse mehr als ausreichend. Seit Mitte der 1980 Jahre dagegen befinden wir uns in einer Phase der „full world", in der Flächen und Ressourcen knapp werden. Daly, Herman: Towards Some Operational Principles of Sustainable Development. Ecological Economics, 2, 1-6. Siehe auch: Galli, Allessandro: Assessing the role of the Ecological Footprint as Sustainability Indicator. Dissertation, Universität Siena 2007

38 Wie stets sind Ungenauigkeiten nicht ausgeschlossen. Das gilt es, bei der Festlegung auf einen bestimmten Tag zu berücksichtigen.

39 Reichholf, Josef H.: Ende der Artenvielfalt? Gefährdung und Vernichtung von Biodiversität. Frankfurt a. M. 2008, S. 130

40 Die Zusammenhänge zwischen dem Footprint und dem Living Planet Index, der 1 100 Arten von Wirbeltieren an Land, in Süß- und Salzwasser umfasst, wurde vom WWF, dem Global Footprint Network und der Zoological Society of London entwickelt. www.panda.org/news_facts/publications/general/livingplanet/index.cfm

41 Das Ziel von zehn Prozent geht auf den World's Park Congress in Bali 1982 zurück.

42 Reichholf, Josef H.: Ende der Artenvielfalt? Gefährdung und Vernichtung von Biodiversität. Frankfurt a. M. 2008, S. 142

43 Reichholf, Josef H.: Ende der Artenvielfalt? Gefährdung und Vernichtung von Biodiversität. Frankfurt a. M. 2008, S. 163 ff

44 Weizsäcker, Ernst Ulrich v.; Hargroves, Karlson; Stasinopoulos, Peter: Faktor Fünf: Die Formel für nachhaltiges Wachstum. München 2010. Ebenso: Wuppertal Institut für Klima, Umwelt, Energie: Zukunftsfähiges Deutschland in einer globalisierten Welt: Ein Anstoß zu einer gesellschaftlichen Debatte. Frankfurt a. M. 2008. Ebenso: Wuppertal Institut für Klima, Umwelt, Energie: Fair Future. Begrenzte Ressourcen und globale Gerechtigkeit. München 2006. Ebenso: Sachs, Wolfgang: Nach uns die Zukunft. Der globale Konflikt um Gerechtigkeit und Ökologie. Frankfurt a. M. 2003

45 Zu Beginn der Footprint-Aufzeichnungen, Anfang der 1960er Jahre, hatte der Energie-Footprint in Ländern mit hohem Einkommen einen Anteil von 17 Prozent am durchschnittlichen Footprint eines Einwohners. Im Jahr 2003 ist er auf 53 Prozent angewachsen. Im weltweiten Durchschnitt verbraucht ein Mensch heute 30 Prozent seines Footprint für Nahrung. In einem Land mit hohem Durchschnittseinkommen wie der Schweiz dagegen sind es nur 20 Prozent.

46 Die folgende Skizze stützt sich auf die Arbeiten von Stefan Bringezu vom Wuppertal Institut für Klima, Umwelt, Energie. www.dematerialisierung.de/politik/bringezubroktober-2006/interview-bringezu

47 In Europa liegt die jährliche Steigerung der Ressourcenproduktivität etwa bei zwei Prozent. Die führt zwar zu einer relativen Entkoppelung (weniger Materialverbrauch pro Wertschöpfungseinheit), aber nicht zu einer absoluten Entkoppelung (der Stoffverbrauch sinkt insgesamt).

48 Wer mag, kann seinen individuellen Footprint mit einem kleinen Programm im Internet einmal berechnen und sehen, in welchen Bereichen er wie viel Natur konsumiert: ob beim Wohnen, Heizen, beim Weg zur Arbeit oder beim Essen. www.footprintcalculator.org www. mein-fussabdruck.at | www.footprint.ch

49 Reichholf, Josef H.: Ende der Artenvielfalt? Gefährdung und Vernichtung von Biodiversität. Frankfurt a. M. 2008, S. 132. Siehe auch Smil, Vaclav: The Earth's Biosphere. Evolution, Dynamics, and Change. Cambridge, Mass. 2003

50 Die Passage über die Fledermausmenschen von Manila geht auf eine Reportage von Wolfgang Uchatius in der ZEIT vom 16.12. 2004 zurück.

51 Für eine detaillierte Footprint-Studie zu China siehe Kapitel 3 (Footprint – Case Studies)

52 Das Bild und die Informationen stammen von Lester Brown, dem Leiter des Earth Policy Institute: www.earth-policy.org

Footprint – Herausforderungen im 21. Jahrhundert

53 Der Text folgt im Wesentlichen Ponting, Clive: A New Green History of the World. The Environment and the Collapse of Great Civilisations. London 2007, S. 144 ff

54 Ponting: A New Green History of the World. The Environment and the Collapse of Great Civilisations. London 2007, S. 151 ff

55 Hardin, Garret: The Tragedy of the Commons, Science 13. Dezember 1968: Vol. 162. no. 3859, pp 1243 – 1248. www.sciencemag.org/cgi/content/full/162/3859/1243

56 Der Nobelpreis für Wirtschaft ging im Jahr 2009 an die US-Amerikanerin Elinor Ostrom, die sich mit der Allmende-Problematik und ihrer Lösung befasst. In diesem Zusammenhang hat sie Almbauern und Fischer in vielen Ländern befragt.

57 Diamond, Jared: Kollaps. Warum Gesellschaften überleben oder untergehen. Frankfurt a. M. 2005

58 Die folgende Darstellung geht zurück auf: O'Meara Sheehan, Molly (Hrsg.): State of the World 2007. Our Urban Future. A Worldwatch Institute Report on Progress Toward a Sustainable Society. New York, London 2007, S. 64 ff

59 Heinberg, Richard: Peak Everything: Waking Up to the Century of Declines. Gabriola Island 2007

60 www.bgr.bund.de

61 www.peakoil.net

Footprint – Case Studies

62 Der folgende Abriss ist durchaus populär gehalten. Detaillierte Informationen zur Methode des Ecological Footprint unter www.footprintnetwork.org/atlas. Methodologische Standards die erarbeitet worden sind, um Resultate vergleichbarer und konsistenter zu machen, sind unter www.footprintstandards.org erhältlich. Große Teile des Portals www.footprintnetwork.org sind auch in deutscher Sprache zugänglich.

63 www.footprintcalculator.org | www.ecofoot.org www.mein-fussabdruck.at | www.footprint.ch

64 www.agenda21berlin.de/fussabdruck

65 www.iclei.org

66 Zum Thema Länder-Footprints siehe auch Kapitel: Felder, Wälder und Ozeane – Wie viel Biokapazität ist vorhanden? Hintergründe zur Methode unter: www.footprintstandards.org

67 Zur Berechnung der Einheit globaler Hektar siehe Kapitel: Felder, Wälder und Ozeane – Wie viel Biokapazität ist vorhanden? Ebenso: www.footprintnetwork.org/atlas

68 Näheres siehe: www.footprintstandards.org

69 Siehe Kapitel 1 (Footprint – Das Instrument)

70 Siehe: A Time for Change. Global Footprint Network annual report 2008. www.footprintnetwork.org/en/index.php/GFN/page/publications

71 Ökobilanzen (LCA) werden durch ISO 14040 Standards (www.iso.org) geregelt.

72 www.gpt.com.au

73 www.zedfactory.com

74 Weitere Informationen unter: www.oneplanetcommunities.org

75 www.bestfootforward.com

76 Peabody ist eine große Londoner Wohnungsbaugesellschaft mit langer Tradition, die sich dem sozialen Wohnungsbau verpflichtet fühlt. www.peabody.org.uk

77 BioRegional ist eine Organisation, die praktische Lösungen in Richtung Nachhaltigkeit fördert. www.bioregional.com

78 Die vier Prinzipien von ZEDliving lauten: Make Carbon History. Design Out Fossil Fuels. Reduce Demand – Run on Native Renewables. Enable a High Quality of Live on a LOW Footprint. Siehe: Dunster, Bill; Simmons, Craig; Gilbert, Bobby: The ZEDbook. Solutions for a shrinking world. Surrey 2008, S. 61

79 www.oneplanetcommunities.org
80 www.oneplanetliving.org
81 www.masdarcity.ae
82 Siehe Kapitel 4 (Footprint – Interview)
83 www.seri.at
84 www.footprint.at
85 www.footprintnetwork.org/en/index.php/GFN/page/publications
86 In diesem Zusammenhang wird der Wald nur als Lieferant für Holz und Fasern betrachtet. Würden die chinesischen Wälder auch in ihrer Funktion als CO2-Land gesehen, um die Kohlendioxidemissionen zu neutralisieren, würde sich diese Landschaftsform sehr wohl im Defizit befinden. Trotzdem hat dieser Wald für den chinesischen Konsum nicht gereicht. Die Entwaldung hat China dazu geführt, restriktivere Forstwirtschaft einzuführen, auch um Böden und Berghänge zu schützen.
87 „Der Ökologische Rucksack ist definiert als die Summe aller natürlichen Rohmaterialien von der Wiege bis zum verfügbaren Werkstoff oder zum dienstleistungsfähigen Produkt in Tonnen pro Tonne, abzüglich dem Eigengewicht des Werkstoffes oder Produktes selbst, gemessen in Tonnen, Kilogramm oder Gramm." Schmidt-Bleek, Friedrich: Das MIPS-Konzept. Weniger Naturverbrauch – mehr Lebensqualität durch Faktor 10. München 1998, S. 82. Siehe auch: www.faktor-x.info
88 www.footprintnetwork.org/en/index.php/GFN/page/publications
89 Siehe auch: www.footprintnetwork.org/africa
90 hdr.undp.org/hd
91 Buying farmland abroad. Outsourcing's third wave. Economist 21.05. 2009 www.economist.com/world/international/displayStory.cfm?story_id=13692889 Neokolonialismus in Afrika. Großinvestoren verdrängen lokale Bauern. Spiegel Online 29.07. 2009 www.spiegel.de/ wirtschaft/0,1518,638435,00.html

Footprint - Interview

92 Edward Osborne Wilson ist ein US-amerikanischer Insektenkundler und Biologe. Seine Schwerpunkte sind Evolutionstheorie und Soziobiologie, er ist u.a. Experte auf dem Gebiet der Ameisen und gilt als intellektueller „Vater der Biodiversität". Siehe: Wilson, Edward Osborne: The Diversity of Life. New York 1992
93 Siehe die erhellenden Bemerkungen von Herman Daly zur Plimsoll-Linie im Zusammenhang mit seiner Lehre von der vollen und der leeren Welt. Daly, Herman E.: Wirtschaft jenseits von Wachstum. Die Volkswirtschaftslehre nachhaltiger Entwicklung. Salzburg 1999, S. 74 ff
94 Siehe Kapitel 3 (Footprint – Case Studies)

Literatur

Bringezu, Stefan; Bleischwitz, Raimund: Sustainable Resource Management. Global Trends, Vision and Policies. Sheffield 2009

Brown, Lester R.: Outgrowing the Earth. The Food Security Challenge in an Age of Falling Water Tables and Rising Temperatures. New York 2005

Daily, Gretchen (editor): Nature's Services: Social Dependence on Natural Ecosystems. Washington DC. 1997

Daly, Herman E.: Wirtschaft jenseits von Wachstum. Die Volkswirtschaftslehre nachhaltiger Entwicklung. Salzburg 1999

Diamond, Jared: Kollaps. Warum Gesellschaften überleben oder untergehen. Frankfurt a. M. 2005

Dunster, Bill; Simmons, Craig; Gilbert, Bobby: The ZEDbook. Solutions for a shrinking world. Surrey 2008

Galli, Allessandro: Assessing the role of the Ecological Footprint as Sustainability Indicator. Dissertation, Universität Siena 2007

Girardet, Herbert: Die Schaffung lebenswerter und nachhaltiger Städte. In: Girardet, Herbert (Hrsg.): Zukunft ist möglich. Wege aus dem Klima-Chaos. Hamburg 2007

Haberl, Helmut; Erb, K. Heinz, u.a.: Quantifying and mapping the human appropriation of net primary production in earth's terrestrial ecosystems. 08/02/08 www.pnas.org/cgi/content/ abstract/104/31/12942

Hardin, Garret: The Tragedy of the Commons, Science 13 Dezember 1968: Vol. 162. no. 3859, pp 1243 – 1248

Heinberg, Richard: The Party's over. Oil, War and the Fate of Industrial Societes. Gabriola Island 2005

Heinberg, Richard: Peak Everything: Waking Up to the Century of Declines. Gabriola Island 2007

Jäger, Jill: Was verträgt unsere Erde noch? Wege in die Nachhaltigkeit. Frankfurt a. M. 2007

Jevons, William Stanley: The Coal Question (1865). New York 1965

Kareiva, Peter; Watts, Sean; Mc Donald, Robert; Boucher, Tim: Domesticated Nature: Shaping Landscapes and Ecosystems for Human Welfare. Science 2007

Matthews, Emily, u.a.: The Weight of Nations. Material Outflows from Industrial Economies. World Resources Institute, Washington D.C. 2000

Meadows, Donella und Dennis; Randers, Jorgen: Grenzen des Wachstums – Das 30-Jahre-Update: Signal zum Kurswechsel. Stuttgart 2008

Odum, Eugene P.: Prinzipien der Ökologie. Lebensräume, Stoffkreisläufe, Wachstumsgrenzen. Heidelberg 1991

O'Meara Sheehan, Molly (Hrsg.): State of the World 2007. Our Urban Future.

A Worldwatch Institute Report on Progress Toward a Sustainable Society. New York, London 2007
Pearce, Fred: When the Rivers Run Dry. What Happens when our Water Runs out? London 2007
Ponting, Clive: A New Green History of the World. The Environment and the Collapse of Great Civilisations. London 2007
Radermacher, Franz Josef; Beyers, Bert: Welt mit Zukunft. Überleben im 21. Jahrhundert. Hamburg 2007
Rees, William E.: The Regional Capsule Concept: An Heuristic Model for Thinking about Regional Development and Environmental Policy. Concept Note, School for Community and Regional Planning. The University of British Columbia, Vancouver 1986
Reichholf, Josef H.: Ende der Artenvielfalt? Gefährdung und Vernichtung von Biodiversität. Frankfurt a. M. 2008
Sachs, Wolfgang: Nach uns die Zukunft. Der globale Konflikt um Gerechtigkeit und Ökologie. Frankfurt a. M. 2003
Schmidt-Bleek, Friedrich: Das MIPS-Konzept. Weniger Naturverbrauch – mehr Lebensqualität durch Faktor 10. München 1998
Sieferle, Rolf Peter; Krausmann, Fridolin; Schandl, Heinz; Winiwarter, Verena: Das Ende der Fläche. Zum gesellschaftlichen Stoffwechsel der Industrialisierung. Köln, Weimar, Wien 2006
Smil, Vaclav: The Earth's Biosphere. Evolution, Dynamics, and Change. Cambridge, Mass. 2003
Wackernagel, Mathis; Rees, William: Our Ecological Footprint. Reducing Human Impac ton the Earth. Gabriola Island 1996
Weizsäcker, Ernst Ulrich v.; Hargroves, Karlson; Stasinopoulos, Peter: Faktor Fünf: Die Formel für nachhaltiges Wachstum. München 2010
Wilson, Edward Osborne: The Diversity of Life. New York 1992
Wuppertal Institut für Klima, Umwelt, Energie (BUND, EED, Brot für die Welt, Herausgeber): Zukunftsfähiges Deutschland in einer globalisierten Welt. Ein Anstoß zur gesellschaftlichen Debatte. Frankfurt a. M. 2008
Wuppertal Institut für Klima, Umwelt, Energie: Fair Future. Begrenzte Ressourcen und globale Gerechtigkeit. München 2006
Yergin, Daniel: The Prize. The Epic Quest for Oil, Money and Power. New York 2003

Vertiefende Informationen zur Footprint-Methode und aktuelle Zahlen unter: www.footprintnetwork.org

Mathis Wackernagel, Ph.D., geboren 1962 in Basel, ist Präsident des Global Footprint Network mit Sitz in Oakland, Kalifornien, Brüssel und Zürich. Das Network hat Partner und Projekte auf allen Kontinenten. Mathis Wackernagel ist mit Bill Rees Pionier der Ecological Footprint-Methode. Er ist Ehrendoktor der Universität Bern und hat eine Gastprofessur in Cornell. Auszeichnungen: Herman Daly Award der US Society for Ecological Economics, WWF Award for Conservation Merit, Skoll Award for Social Entrepreneurship.

Bert Beyers, geboren 1956 in Mönchengladbach, ist im Hauptberuf Redakteur beim Norddeutschen Rundfunk in Hamburg. Seit Jahren befasst er sich mit ökologischen und Zukunftsfragen. Zuletzt von ihm erschienen: Welt mit Zukunft – Überleben im 21. Jahrhundert, zusammen mit Franz Josef Radermacher.

Mit Unterstützung der Aachener Stiftung Kathy Beys

Aachener
Stiftung
Kathy Beys

Brot
für die Welt

„Brot für die Welt" ist es ein Anliegen, Fragen ökologischer Begrenztheit auch aus entwicklungspolitischer Perspektive zu betrachten und unter dem Aspekt globaler Gerechtigkeitsfragen zu diskutieren. Aufgrund seiner herausragenden Eignung als Kommunikationsinstrument, nutzt „Brot für die Welt" das Footprint-Konzept intensiv in der Bildungs-, Öffentlichkeits- und Lobbyarbeit und unterstützt dessen Verbreitung.

Bücher zum Thema

Kirstin Dow, Thomas E. Downing
Weltatlas des Klimawandels
Karten und Fakten zur globalen Erwärmung
112 Seiten
50 farbige Karten, viele Grafiken
ISBN 978-3-434-50610-2
»book of the year«
Planeta environment 2006

„...beeindruckende Statistiken über den Klimawandel, dessen ökonomische oder gesundheitliche Gefahren...“

Der Spiegel

Maggie Black, Jannet King
Der Wasseratlas
Ein Weltatlas zur wichtigsten
Ressource des Lebens
126 Seiten
vierfarbige Karten
ISBN 978-3-434-50628-7

„Für jeden, der sich über den realen Zustand der Welt informieren möchte, ist dieser Atlas unentbehrlich.“

International Herald Tribune

Jakob von Uexküll
»Das sind wir unsern Kindern schuldig«
148 Seiten
Geb.
ISBN 978-3-434-50611-9

„Ich glaube, die meisten Menschen wollen nicht auf Kosten ihrer Kinder und Enkel leben... Jetzt müssen wir auf diesen globalen Notstand reagieren.“

Jakob von Uexküll gegenüber dem *stern*

Michael Braungart/ William McDonough (Hg.)
Die nächste industrielle Revolution
Die Cradle to Cradle-Community
245 Seiten
ISBN 978-3-434-50616-4

„...ein wichtiges Buch, das starke Reaktionen auslöst, und eine dringend notwendige Diskussionen in Gang bringen kann.“

GRIBS

Maximilian Gege
Unterwegs zu einem ökologischen Wirtschaftswunder
308 Seiten
Geb.
ISBN 978-3-434-50615-7

„Eine Initialzündung für ein ökologisches Wirtschaftswachstum.“

FORUM Nachhaltig Wirtschaften

Herbert Girardet (Hrsg.)
Zukunft ist möglich
Wege aus dem Klima-Chaos
360 Seiten
Geb.
ISBN 978-3-434-50606-5

»Die knappste Ressource ist nicht das Öl, nicht das Gas und auch nicht das Uran; es ist die Zeit, die wir noch haben, um unsere Verhaltensweisen den Anforderungen und Grenzen unserer Umwelt anzupassen.«

Russell Train